职业教育改革与创新系列教材

建筑工程计量与计价

第 3 版

主　编　王军霞

副主编　朱　平

参　编　吴永新　郭书芹

主　审　可淑玲　王朝霞

机械工业出版社

本书是在第2版的基础上，按照最新颁布的规范修订而成的。主要内容包括：建筑工程概预算基本理论、建筑及装饰装修工程施工图预算编制、工程量清单计价方法、土建工程结算。

本书可作为职业教育院校建筑工程技术、工程造价及相关专业的教学用书，也可作为建筑企业培训等各种层次的教学和自学用书。

图书在版编目（CIP）数据

建筑工程计量与计价/王军霞主编. —3 版 . —北京：机械工业出版社，2013. 10（2024.7重印）
职业教育改革与创新系列教材
ISBN 978-7-111-43990-5

Ⅰ.①建…　Ⅱ.①王…　Ⅲ.①建筑工程-计量-高等职业教育-教材②建筑造价-高等职业教育-教材　Ⅳ.①TU723.3

中国版本图书馆 CIP 数据核字（2013）第 214580 号

机械工业出版社（北京市百万庄大街22号　邮政编码100037）
策划编辑：刘思海　责任编辑：刘思海
版式设计：霍永明　责任校对：刘怡丹
封面设计：赵颖喆　责任印制：单爱军
北京虎彩文化传播有限公司印刷
2024 年 7 月第 3 版第 11 次印刷
184mm×260mm · 11.25 印张 · 260 千字
标准书号：ISBN 978-7-111-43990-5
定价：35.00 元

电话服务　　　　　　　　　　网络服务
客服电话：010-88361066　　　机 工 官 网：www.cmpbook.com
　　　　　010-88379833　　　机 工 官 博：weibo.com/cmp1952
　　　　　010-68326294　　　金 书 网：www.golden-book.com
封底无防伪标均为盗版　　机工教育服务网：www.cmpedu.com

职业教育改革与创新系列教材

编委会名单

第3版前言

本书自 2006 年出版以来，深受广大师生的喜爱，多次印刷，并于 2009 年再版。本书是在第 2 版的基础上修订而成的。

本书内容按照国家最新颁布的规范进行了部分修订，其中建筑及装饰装修工程工程量计算规则以河北省 2012 年新出版的定额为例；内容及结构安排上保留了原书的特点，采用双色排版。本书教学内容及课时安排建议见下表：

序 号	课程内容	课 时 数		备 注
		教学学时	实践学时	
1	建筑工程概预算基本理论	8		
2	建筑及装饰装修工程施工图预算编制	22	2 周	2 周实践包括概预算软件的使用
3	工程量清单计价方法	6		
4	土建工程结算	2		
总计	38 学时 +2 周	38	2 周	

本书由王军霞任主编，朱平任副主编。其中，单元 1 课题 1、课题 2、课题 3 由朱平、王军霞编写，单元 1 课题 4 中 1.4.2、1.4.3，单元 2 课题 3 中 2.3.4 ~ 2.3.8、2.3.15、2.3.16、2.4.1、2.4.3、2.4.4、2.4.6、2.4.9、2.4.10 由王军霞编写，单元 2 课题 1、课题 2、课题 3 中 2.3.1 ~ 2.3.3、课题 5 中 2.5.2 由吴永新编写，单元 2 课题 3 中 2.3.9 ~ 2.3.14、2.4.2、2.4.5、2.4.7、2.4.8，课题 5 中 2.5.1 由郭书芹编写，单元 1 课题 4 中 1.4.1、单元 3、单元 4 由朱平编写。

本书由可淑玲、王朝霞任主审，他们对书稿提出了许多宝贵意见，在此表示衷心感谢。

本书中图形由王军霞、吴永新选编绘制，并得到北京威斯顿建筑设计公司石家庄分公司的大力支持，在此一并表示感谢。

由于编者水平有限，错误之处在所难免，敬请读者批评指正。

编 者

第 2 版前言

本书根据《建设行业技能型紧缺人才培养培训指导方案》编写，面向建筑施工企业，培养的对象是具有初中及以上学历者。目前，适合该层次的建筑工程定额与预算类教材比较陈旧，且多偏重理论教学，忽视实践能力的培养，实际应用针对性不强。本书作为建筑施工及相关专业的教学用书，注重对建筑工程计量与计价基本知识和基本技能的讲解，并侧重对学生解决实际问题能力的培养。本书采用模块法教学，教材编写内容浅显易懂，以够用、实用为原则，生动形象、简单明了。按照课程培养目标的要求，本书尽量用图示、表格来直观表达应掌握的内容，具有科学性、实用性等特点。

本书内容按照国家最新颁布的规范进行了部分修订，其中建筑及装饰装修工程工程量计算规则以河北省 2008 年最新定额为例。本书教学内容及课时安排建议见下表：

序 号	课 程 内 容	课 时 数		备 注
		教学学时	实践学时	
1	建筑工程概预算基本理论	8		
2	建筑及装饰装修工程施工图预算编制	22	2 周	2 周实践包括概预算软件的使用
3	工程量清单计价方法	6		
4	土建工程结算	2		
总计	38 学时 + 2 周	38	2 周	

本书由王军霞任主编，吴永新任副主编。其中，单元 1 课题 1、课题 2、课题 3 由常州建设高等职业技术学校朱平、河北城乡建设学校王军霞编写，单元 1 课题 4 中 1.4.2 ～ 1.4.3、单元 2 课题 3 中 2.3.4 ～ 2.3.8、2.3.15 ～ 2.3.16、2.4.1、2.4.3 ～ 2.4.4、2.4.6、2.4.9 ～ 2.4.10 由王军霞编写，单元 2 课题 1、课题 2、课题 3 中 2.3.1 ～ 2.3.3、课题 5 中 2.5.2 由河北城乡建设学校吴永新编写，单元 2 课题 3 中 2.3.9 ～ 2.3.14、2.4.2、2.4.5、2.4.7 ～ 2.4.8、课题 5 中 2.5.1 由河北城乡建设学校郭书芹编写，单元 1 课题 4 中 1.4.1、单元 3、单元 4 由朱平编写。

本书由石家庄职业技术学院可淑玲副教授、山西建筑职业技术学院王朝霞副教授任主审，他们对书稿提出了许多宝贵意见，在此表示衷心感谢。

本书中图形由王军霞、吴永新选编绘制，并得到北京威斯顿建筑设计公司石家庄分公司的大力支持，在此一并表示感谢。

由于编者水平有限，错误之处在所难免，敬请读者批评指正。

编 者

第1版前言

本书根据《中等职业学校建设行业技能型紧缺人才培养培训指导方案》编写，面向建筑施工企业，培养的对象是具有初中及以上学历者。目前，适合该层次的建筑工程定额与预算类教材比较陈旧，且多偏重理论教学，忽视实践能力的培养，实际应用针对性不强。本书作为建筑（市政）施工及相关专业的教学用书，注重对建筑工程计量与计价基本知识和基本技能的讲解，并侧重对解决实际问题能力的培养。本书采用模块法教学，教材编写内容浅显易懂，以够用、实用为原则，生动形象、简单明了。按照课程培养目标的要求，本书尽量用图示、表格来直观表达应掌握的内容，具有科学性、实用性等特点。

本书内容是按照国家最新颁布的规范来编写的，其中一般土建工程工程量计算规则以河北省为例。本书教学内容及课时安排建议见下表：

序　号	课 程 内 容	课 时 数		备 　注
		教 学 学 时	实 践 学 时	
1	建筑工程概预算基本理论	8	2 周	2 周实践包括概预算软件的使用
2	一般土建工程施工图预算编制	22		
3	工程量清单计价方法	6		
4	土建工程结算	2		
总计	38 学时 + 2 周	38	2 周	

本书由王军霞任主编，吴永新任副主编。其中，单元1课题1、课题2、课题3由常州建设高等职业技术学校朱平、河北城乡建设学校王军霞编写，单元1课题4中1.4.2～1.4.3、单元2课题3中2.3.4～2.3.9由王军霞编写，单元2课题1、课题2、课题3中2.3.1～2.3.3、课题4中2.4.2由河北城乡建设学校吴永新编写，单元2课题3中2.3.10～2.3.17、课题4中2.4.1由河北城乡建设学校郭书芹编写，单元1课题4中1.4.1、单元3、单元4由朱平编写。

本书由石家庄职业技术学院可淑玲副教授、山西建筑职业技术学院王朝霞副教授任主审，他们对书稿提出了许多宝贵意见，在此表示衷心感谢。

本书中图形由王军霞、吴永新选编绘制，并得到北京威斯顿建筑设计公司石家庄分公司的大力支持，在此一并表示感谢。

由于编者水平有限，错误之处在所难免，敬请读者批评指正。

编　者

目　　录

单元 1

建筑工程概预算基本理论

单元概述

本单元的主要内容有：建设项目的组成及分类、建设项目的建设程序、工程造价的确定及分类、建筑安装工程费用的构成、工程定额的分类。

学习目标

通过本单元的学习，了解建设项目的概念和建设程序及工程定额的分类；掌握建设项目的组成及分类和工程造价的确定及分类；熟悉建筑安装工程费用的构成。

课题 1　建设项目及建设程序

1.1.1　建设项目的概念

建设项目是指具有设计任务书且按总体设计组织施工的一个或几个单项工程所组成的建设工程。

在我国，通常以一个建设单位或一个独立工程作为一个建设项目。凡属于一个总体设计中，分期分批进行建设的主体工程、附属配套工程、综合利用工程、供水供电工程都可以作为一个建设项目。不能把不属于一个总体设计，按各种方式结算的工程作为一个建设项目；也不能把同一个总体设计内的工程，按地区或施工单位分为几个建设项目。

建设项目的实施单位一般称为建设单位。在建设阶段实行建设项目法人责任制，由项目法人实行统一管理。

1.1.2　建设项目的组成及分类

1. 建设项目的组成

为了便于对建筑工程进行计价，可以把一个建设项目，从大到小依次划分为单项工程、单位工程、分部工程和分项工程。

（1）单项工程　单项工程是建设项目的组成部分，它是指在一个建设项目中，具有独立的设计文件和相应的综合概预算书，竣工后可以独立发挥生产能力或效益的工程。

一个建设项目可以包括若干个单项工程，例如，一座工厂中的各个生产车间、辅助车间、仓库等工程都是单项工程。有些比较简单的建设项目本身就是一个单项工程，如只有一个车间的小型工厂、一条森林铁路等。一个建设项目在全部建成、投入使用以前，往往陆续建成若干个单项工程，所以单项工程是考核投产计划完成情况和计算新增生产能力的基础。

（2）单位工程　单位工程是单项工程的组成部分，它是指具有独立设计施工图和相应的概预算书，能够单独组织施工和单独成为核算对象，但竣工后一般不能单独形成生产能力或发挥效益的工程。例如，某生产车间是一个单项工程，该车间的土建工程是一个单位工程，设备安装工程也是一个单位工程。

（3）分部工程　分部工程是单位工程的组成部分，它是指按单位工程的结构形式、工程部位、构件性质、使用材料、设备种类等的不同而划分的工程项目。例如，建筑工程可以划分为：土石方工程，桩与地基基础工程，砖筑工程，混凝土及钢筋混凝土工程，厂库房大门、特种门、木结构工程，金属结构工程，屋面及防水工程，防腐、隔热、保温工程，构件运输及安装工程，厂区道路及排水工程等分部工程。

（4）分项工程　分项工程是分部工程的组成部分，它是指按照不同的施工方法、不同的构造及结构构件规格，用较为简单的施工过程就能完成的，以适当的计量单位就可以计算工料消耗的最基本构成项目。例如，混凝土及钢筋混凝土分部工程中的条形基础、独立基础、满堂基础、设备基础、矩形柱、异形柱等均属于分项工程。装饰工程中的地面装饰工程，根据施工方法、材料种类及规格等要素的不同，可进一步划分为大理石、花岗岩、预制水磨石、木地板、防静电楼地板、彩釉砖、水泥花砖等分项工程。

建筑安装工程工程造价的计算就是从最基本的构成因素开始的。首先，把建筑安装工程分解为便于计算的基本构成项目；其次，根据工程量计算规则，结合现行文件，对每个基本构成项目逐一地计算出工程量及相应价值，这些基本构成项目价值的总和就是建筑安装工程的直接费；再根据有关规定，计算出间接费、利润和税金；最后，把上述各项费用进行汇总，即为建筑安装工程的工程造价。

2. 建设项目的分类

建设项目的分类有多种形式，根据不同的分类标准，可大致分为以下几类：

（1）按建设性质分类

1）新建项目。新建项目是指新建的投资建设项目，或对原有项目重新进行总体设计，扩大建设规模后，其新增固定资产价值超过原有固定资产价值三倍以上的建设项目。

2）扩建项目。扩建项目是指在原有的基础上投资扩大建设的项目。如企业在原有场地范围内或其他地点，为了扩大原有主要产品的生产能力或效益，或增加新产品生产能力而建设的新的主要车间或其他项目。

3）改建项目。改建项目是指原有企业为提高生产效益，改进产品质量或调整产品结构，对原有设备或工程进行改造的项目。有的企业为了平衡生产能力，需增建一些附属、辅助车间或非生产性工程，也可列为改建项目。

4）重建项目。重建项目是指企业、事业单位，因受自然灾害、战争或人为灾害等特殊原因，使原有固定资产全部或部分报废后又投资重新建设的项目。

5）迁建项目。迁建项目是指原有企业、事业单位，由于某种原因报经上级批准进行搬迁建设的项目，不论其规模是维持原规模还是扩大建设，均属迁建项目。

（2）按建设规模分类 按照上级批准建设项目的总规模和总投资，建设项目可分为大型、中型和小型三类。一个建设项目只能属于大型、中型、小型中的一种类型。

1）建设项目的大、中、小类型，可根据项目的建设总规模（设计生产能力或效益）、计划总投资、建设项目大中小型划分标准进行划分。建设总规模或计划总投资，原则上应以上级批准的设计任务书或初步设计确定的总规模或总投资为准，没有正式批准设计任务书或初步设计的，可按国家或省、市、自治区的建设中所列的总规模或总投资划分。

2）工业项目按设计生产能力或总投资划分为大、中、小型项目。非工业项目可分为大中型和小型两种，均按项目的经济效益和总投资划分。

3）凡生产单一产品的项目，应按产品的设计生产能力划分。生产多种产品的项目，一般按其主要产品的设计生产能力划分，产品种类繁多，难以按其主要产品的设计生产能力划分的，则按其总投资划分。

4）新建项目按项目的建设总规模或总投资划分，改建、扩建项目按改建、扩建所增加的设计生产能力或总投资划分。

（3）按建设用途分类

1）生产性建设项目。例如，工业项目、运输项目、农田水利项目、能源项目等，即用于物质产品生产建设的项目。

2）非生产性建设项目。按满足人们物质文化生活需要划分的项目。非生产性建设项目可分为经营性项目和非经营性项目。

（4）按资金来源分类

1）国家预算拨款项目。

2）银行贷款项目。

3）企业联合投资项目。

4）企业自筹项目。

5）利用外资项目。

6）外资项目。

1.1.3 建设项目的建设程序

1. 建设程序的概念

项目建设程序是指一项工程从无到有的建设全过程中各阶段及其各项工作必须遵循的先后次序。

房屋建筑涉及的社会面和管理部门广、协调合作环节多，要进行多方面复杂的工作。房屋建筑还与人们的生命安全、工作效益、生活便利、审美情趣等有着密切关系。因此，在建设程序的操作细节上，必须按照建设程序的先后次序依次进行。国家也正逐步根据行业发展趋势不断补充和完善相关的法律、法规，并严格监督执行。

2. 建设程序的环节

我国现行的建设程序一般可分为以下几个环节：

（1）提出项目建议书 为推荐的拟建项目写出建议性文件，提出对拟建项目的轮廓设想。

（2）进行可行性研究 根据批准后的项目建议书，对拟建项目从技术、经济和社会等各方面的可行性进行分析和论证，选择最优建设方案。

（3）编制设计任务书 根据建设项目和建设方案的基本情况，编制设计文件的依据。

（4）编制设计文件 业主按建设监理制的要求，委托工程建设监理，在监理单位的协助下，组织开展设计方案竞赛或设计招标，确定设计方案和设计单位。

（5）进行开工准备 开工准备包括征地、拆迁、平整场地、通水、通电、通路以及组织设备、材料订货，组织施工招投标，选择施工单位，报批开工报告等项工作。

（6）组织施工 按照要求进行全面施工活动，与此同时，业主在监理单位协助下，做好项目建成动用的一系列准备工作，例如，人员培训、组织准备、技术准备、物资准备等。

（7）竣工验收 项目竣工后，业主应及时组织验收，编制工程项目竣工报告。

（8）项目后评价 项目建成投产后，对建设项目进行的评价。

因此，建设程序可以概括为：先调查、规划、评价，而后确定项目投资；先勘察、选址，而后设计；先设计，而后施工；先安装试车，而后竣工投产；先竣工验收，而后交付使用。只有在完成上一环节后方可转入下一环节，以保证工程质量和投资效益回收。建设程序顺应了市场经济的发展，体现了业主责任制、建设监理制、工程招投标制、项目咨询评估制的要求，并且与国际惯例基本趋于一致。

课题 2　工程造价概述

1.2.1　工程造价的含义

工程造价从不同角度理解，可以有两种不同的含义。

一方面，从投资方来看，工程造价是指建设项目从分析决策、设计施工、竣工验收到交付使用的各个阶段，完成建筑工程、设备安装工程、设备及工器具购置及其他相应的建设工作，最后形成固定资产所投入的费用总和。从这个意义上说，工程造价是指建设项目的建设成本，因而也可以叫做建设成本造价或工程全费用造价。

另一方面，工程造价是指建设工程的承发包价格，是投资者和建筑商共同认可的价格。工程发包的内容可以是建设项目的全部或部分内容，承发包范围、内容不同，价格也不同。

工程造价从两种不同角度出发，其包含的费用项目组成也不同。建设成本造价是工程建设的全部费用，包括设备及工器具购置费用、建筑安装工程费用、工程建设其他费用、预备费、建设期贷款利息、固定资产投资方向调节税等。而承发包价格，只是其中承发包部分的工程造价。

1.2.2　工程造价的确定

确定工程造价的重点是根据施工图计算建筑物的工程量，然后通过套用预算定额来确定人工、材料、机械台班消耗量，进而按规定的程序和计价方法计算直接费、间接费、利润和税金，最后得出工程造价。

1.2.3 工程造价的分类

1. 初步投资估算

在项目建议书阶段，按照有关规定编制初步投资估算，经有关部门批准，作为拟建项目，列入国家中长期计划和开展前期工作的控制造价。

2. 投资估算

在可行性研究阶段，按照有关规定编制投资估算，经有关部门批准，即为该项目国家计划控制造价。

3. 设计概算

在初步设计阶段，按照有关规定编制初步设计总概算，经有关部门批准，即为控制拟建项目工程造价的最高限额。从初步设计阶段开始，实行建设项目招标承包制，签订总承包合同或协议的，其合同价也应在最高限价（总概算）范围以内。

4. 施工图预算

在施工图设计阶段，按规定编制施工图预算，用以核实施工图设计阶段造价是否超过批准的设计概算。工程经批准实行直接委托承包的，以建设单位、施工单位双方共同确认、有关部门审查通过的预算，作为结算工程价款的依据。

5. 承包合同价

以施工图预算为基础招投标的工程，承包合同价以中标价为依据确定。

6. 竣工结算

在工程实施阶段，按照施工单位实际完成的工程量，以合同价为基础，同时考虑因物价上涨所引起的工程造价的提高，考虑到设计中难以预计的而在实施阶段实际发生的工程费用，合理确定结算价。

7. 竣工决算

在竣工验收阶段，全面汇集在工程建设过程中实际花费的全部费用，由建设单位编制竣工决算，如实体现该建设工程的实际造价。

课题 3 建筑安装工程费用

1.3.1 建筑安装工程费用的内容

建筑安装工程费用的内容主要涉及以下几个方面：

1）各类房屋建筑工程和列入房屋建筑工程预算的供水、供暖、卫生、通风、煤气等设备费用及其装设、油饰工程的费用，列入建筑工程预算的各种管道、电力、电信和电缆导线敷设工程的费用。

2）设备基础、支柱、工作台、烟囱、水塔、水池等建筑工程，以及各种炉窑的砌筑工程和金属结构工程的费用。

3）为施工而进行的场地平整，工程和水文地质勘察，原有建筑物和障碍物的拆除，以及施工临时用水、电、气、路和完工后的场地清理、环境绿化、美化等工作的费用。

4）矿井开凿、井巷延伸、露天矿剥离，石油、天然气钻井，修建铁路、公路、桥梁、水库、堤坝、灌渠及防洪等工程的费用。

1.3.2 建筑安装工程费用构成

河北省现行的建筑安装工程费用由直接费、间接费、利润和税金四个部分组成。

1. 直接费

直接费由直接工程费和措施费组成。

（1）直接工程费 直接工程费是指施工过程中耗费的构成工程实体的各项费用，包括人工费、材料费、施工机械使用费。

1）人工费是指直接从事建筑安装工程施工的生产工人开支的各项费用。主要包括以下内容：

① 生产工人基本工资，是指发放给生产工人的基本工资。

② 工资性补贴，是指按规定标准发放的物价补贴，煤、燃气补贴，交通补贴，住房补贴，流动施工津贴等。

③ 生产工人辅助工资，是指生产工人年有效施工天数以外非作业天数的工资，包括职工学习、培训期间的工资，调动工作、探亲、休假期间的工资，因气候影响的停工工资，女工哺乳时间的工资，病假在六个月以内的工资及产、婚、丧假期的工资。

④ 职工福利费，是指按规定标准计取的职工福利费。

⑤ 生产工人劳动保护费，是指按规定标准发放的劳动保护用品的购置费及修理费，徒工服装补贴，防暑降温费，在有碍身体健康环境中施工的保健费用等。

2）材料费是指施工过程中耗费的构成工程实体的各类原材料、辅助材料、构配件、零件、半成品的费用。主要包括以下内容：

① 材料原价，是指材料的出厂价格、商业部门的批发价格、交货地点的价格等。

② 材料供销综合费，是指某些材料不能直接向生产单位采购，需经供销部门采购而支付的各项费用。

③ 材料包装费，是指为了便于材料运输或保护材料而进行包装所发生的一切费用。

④ 材料运输费，是指材料自来源地运至工地仓库或指定堆放地点所发生的全部费用。

⑤ 材料采保费，是指为组织采购、供应和保管材料过程中所需要的各项费用，包括采购费、仓储费、工地保管费、仓储损耗费。

⑥ 其他损耗费。

3）施工机械使用费是指施工机械作业所发生的机械使用费、机械安拆费和场外运费。主要包括以下内容：

① 折旧费，是指施工机械在规定的使用年限内，陆续收回其原值及支付贷款利息的费用。

② 大修理费，是指施工机械按规定的大修理间隔台班进行必要的大修理，以恢复其正

常功能所需的费用。

③ 经常修理费，是指施工机械除大修理以外的各级保养和临时故障排除所需的费用。包括为保障机械正常运转和临时发生故障时所需替换设备与随机配备工具附具的摊销和维护费用，机械运转中日常保养所需润滑与擦拭的材料费用，机械停滞期间的维护和保养费用等。

④ 安拆费及场外运费。安拆费是指施工机械在施工现场进行安装、拆卸所需的人工、材料、机械和试运转费用，以及机械辅助设施的折旧、搭设、拆除等费用；场外运费是指施工机械整体或分体自停放地点运至施工现场或由一施工地点运至另一施工地点的运输、装卸、辅助材料及架线等费用。

⑤ 人工费，是指机上司机(司炉)和其他操作人员的工作日人工费及上述人员在施工机械规定的年工作台班以外的人工费。

⑥ 燃料动力费，是指施工机械在运转作业中所消耗的固体燃料(煤、木柴)、液体燃料(汽油、柴油)及水、电等费用。

⑦ 其他费用，包括施工机械按照国家的有关部门规定应缴纳的费用。

(2) 措施费 措施费是指为完成工程项目施工，发生于该工程施工前和施工过程中非工程实体项目的费用。措施费分为可竞争项目和不可竞争项目。具体内容见 2.3.10 ~ 2.3.15 和 2.4.7 ~ 2.4.10。

2. 间接费

间接费由规费和企业管理费组成。

(1) 规费 规费是指经法律法规和省级以上政府或有关权力部门规定必须缴纳、计提的费用。主要有以下内容：

1) 社会保障费。主要包括以下内容：

① 养老保险费，是指企业按规定标准为职工缴纳的基本养老保险费。

② 医疗保险费，是指企业按照规定标准为职工缴纳的基本医疗保险费。

③ 失业保险费，是指企业按照规定标准为职工缴纳的失业保险费。

④ 生育保险费，是指企业按照规定标准为职工缴纳的生育保险费。

⑤ 工伤保险费，是指企业按照规定标准为职工缴纳的工伤保险费。

2) 住房公积金，是指企业按规定标准为职工缴纳的住房公积金。

3) 职工教育经费，是指企业为职工学习先进技术和提高文化水平，按职工工资总额计提的费用。

(2) 企业管理费 企业管理费是指建筑安装企业组织施工生产和经营管理所需的费用。主要包括以下内容：

1) 管理人员工资，是指管理人员的基本工资、工资性补贴、职工福利费、劳动保护费等。

2) 办公费，是指企业管理办公用的文具、纸张、账表、印刷、邮电、书报、会议、水电、烧水和集体取暖(包括现场临时宿舍取暖)用煤等费用。

3) 差旅交通费，是指管理人员因公出差、调动工作的差旅费，住勤补助费，市内交通费和误餐补助费，探亲路费，劳动力招募费，职工离退休、退职一次性路费，工伤人员就医路费，工地转移费，以及管理部门使用交通工具的油料费、燃料费、养路费及牌照费。

4）固定资产使用费，是指管理和试验部门及附属生产单位使用的属于固定资产的房屋、设备仪器等的折旧、大修理、维修或租赁费。

5）工具、用具使用费，是指管理使用的不属于固定资产的生产工具、器具、家具、交通工具和检验、试验、测绘、消防用具等的购置、维修和摊销费。

6）劳动保险费，是指由企业支付离退休职工的易地安家补助费、职工退职金、六个月以上的病假人员工资、职工死亡丧葬补助费、抚恤费、按规定支付给离休干部的各项经费。

7）工会经费，是指企业按职工工资总额计取的工会经费。

8）财产保险费，是指施工管理用财产、车辆保险费用。

9）财务费，是指企业为筹集资金而发生的各种费用。

10）税金，是指企业按规定缴纳的房产税、车船使用税、土地使用税、印花税等。

11）其他费用，包括技术转让费、技术开发费、业务招待费、绿化费、广告费、公证费、法律顾问费、审计费、咨询费、服务费、民兵预备役工作费、残疾人保障金、河道维护管理费、危险工作意外伤害保险、工程排污费等。

3. 利润

利润是指施工企业完成所承包工程获得的盈利。

4. 税金

税金是指国家税法规定的应计入建筑、安装、市政、装饰装修工程造价内的营业税、城市维护建设税及教育费附加等。

建筑、安装、市政、装饰装修工程费用组成如图 1-1 所示。

1.3.3　建筑、装饰装修工程费用标准

《河北省建筑、安装、市政、装饰装修工程费用标准》是根据原建设部、财政部《关于印发<建筑安装工程费用项目组成>的通知》（建标【2003】206 号），结合河北省实际情况，综合测算编制的。

1. 建筑工程费用标准及工程类别

1）一般建筑工程费用标准：适用于工业与民用的新建、改建、扩建的各类建筑物、构筑物、厂区道路等建筑工程。

2）建筑工程土、石方，建筑物超高，垂直运输，特大型机械场外运输及一次安拆费用标准：适用于工业与民用建筑工程的土、石方（含厂区道路土方），建筑物超高，垂直运输，特大型机械场外运输及一次安拆等工程项目。

3）桩基础工程费用标准：适用于工业与民用建筑工程中现场灌注桩和预制桩的工程项目。

2. 建筑工程费用标准（包工包料）

（1）一般建筑工程费用标准　一般建筑工程费用标准见表 1-1。

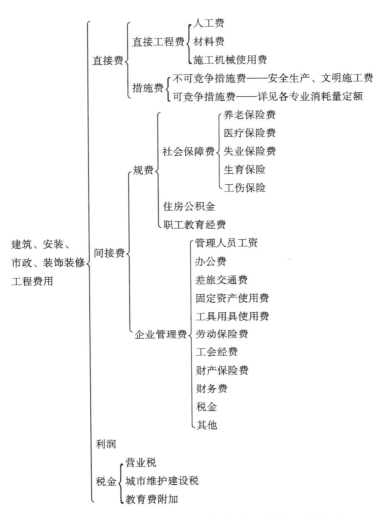

图 1-1   建筑、安装、市政、装饰装修工程费用项目组成

表 1-1   一般建筑工程费用标准

序　号	费用项目	计费基数	费用标准（%）		
			一类工程	二类工程	三类工程
1	直接费	—	—		
2	企业管理费	直接费中人工费＋机械费	25	20	17
3	规费		25（投标报价、结算时按核准费率计取）		
4	利润		14	12	10
5	税金		市区 3.48%、县镇 3.41%、其他 3.28%		

（2）建筑工程土、石方，建筑物超高，垂直运输，特大型机械场外运输及一次安拆费用标准相关费用标准见表 1-2。

表1-2　建筑工程土、石方，建筑物超高，垂直运输，特大型机械场外运输及一次安拆费用标准

序　号	费用项目	计费基数	费用标准（%）
1	直接费	—	
2	企业管理费	直接费中人工费＋机械费	4
3	规费		7（投标报价、结算时按核准费率计取）
4	利润		4
5	税金		市区3.48%、县镇3.41%、其他3.28%

（3）桩基础工程费用标准　桩基础工程费用标准见表1-3。

表1-3　桩基础工程费用标准

序　号	费用项目	计费基数	费用标准（%）	
			一类工程	二类工程
1	直接费	—	—	
2	企业管理费	直接费中人工费＋机械费	9	8
3	规费		17（投标报价、结算时按核准费率计取）	
4	利润		8	7
5	税金		市区3.48%、县镇3.41%、其他3.28%	

（4）装饰装修工程费用标准　装饰装修工程费用标准见表1-4。

表1-4　装饰装修工程费用标准

序　号	费用项目	计费基数	费用标准（%）
1	直接费	—	—
2	企业管理费	直接费中人工费＋机械费	18
3	规费		20（投标报价、结算时按核准费率计取）
4	利润		13
5	税金		市区3.48%、县镇3.41%、其他3.28%

（5）包工不包料工程费用标准　包工不包料工程费用标准见表1-5。

表1-5　包工不包料工程费用标准

序　号	费用项目	计费基数	费用标准（%）
1	直接费	—	—
2	企业管理费	直接费中人工费＋机械费	9
3	规费		10（投标报价、结算时按核准费率计取）
4	利润		6
5	税金		市区3.48%、县镇3.41%、其他3.28%

1.3.4　河北省工程造价、计价程序

目前河北省建筑、安装、市政、装饰装修工程造价、计价程序见表1-6。

表1-6　建筑、安装、市政、装饰装修工程造价、计价程序表

序　号	费用项目	计 算 方 法
1	直接费	—
1.1	直接费中人工费 + 机械费	—
2	企业管理费	1.1 × 费率
3	规费	1.1 × 费率
4	利润	1.1 × 费率
5	价款调整	按合同约定的方式、方法计算
6	安全生产、文明施工费	（1 + 2 + 3 + 4 + 5）× 费率
7	税金	（1 + 2 + 3 + 4 + 5 + 6）× 费率
8	工程造价	1 + 2 + 3 + 4 + 5 + 6 + 7

注：本计价程序中直接费中不含安全生产、文明施工费。

课题 4　工 程 定 额

1.4.1　工程定额的分类

工程定额是指在正常施工条件下，生产单位合格产品所必须消耗的人工、材料、机械台班的平均数量标准。它包括多种类定额，可以按照不同的原则和方法对它进行科学的分类。

1. 按定额反映的生产要素消耗内容分类

（1）劳动消耗定额　劳动消耗定额简称劳动定额。劳动消耗定额是指在正常的施工技术组织条件下，完成一定数量的合格产品（工程实体或劳务）所必需的活劳动消耗量标准，或在一定的劳动时间内生产合格产品的数量标准。劳动定额大多采用工作时间消耗量来计算劳动消耗的数量。劳动定额主要表现形式是时间定额，但同时也表现为产量定额。

时间定额一般以工日为计量单位，即工日/m³、工日/m²、工日/t 等。每个工日工作时间，法定为 8 小时。产量定额在数值上与时间定额互为倒数关系，产量定额的计量单位为 m³/工日、m²/工日、t/工日等。

（2）材料消耗定额　材料消耗定额简称材料定额。材料消耗定额是指在正常的施工条件和合理、节约使用材料的前提下，生产单位合格产品所必须消耗的材料（原材料、成品、半成品、构配件、燃料以及水、电等）的数量标准。

材料作为劳动对象构成工程的实体，需用数量很大，种类繁多。所以材料消耗量多少、

消耗是否合理，不仅关系到资源的有效利用，影响着市场供求状况，而且对建设工程的项目投资和建筑产品的成本控制都起着决定性的影响。

（3）机械台班消耗定额 我国机械台班消耗定额是以一台机械一个工作班为计量单位的，所以又称为机械台班定额。机械台班消耗定额是指在正常的施工条件、合理的劳动组合和合理的使用施工机械的条件下，生产单位合格产品（工程实体或劳务）所必需的施工机械消耗的数量标准。机械台班消耗定额的主要表现形式是机械时间定额，但同时也以机械产量定额表现。

2. 按定额的编制程序和用途分类

（1）施工定额 施工定额是指施工企业（建筑安装企业）为组织生产和加强管理，在企业内部使用的一种定额。施工定额属于企业生产定额的性质。它由劳动定额、机械台班定额和材料定额三个相对独立的部分组成，为了适应组织生产和管理的需要，施工定额的项目划分很细，是工程定额中分项最细、定额子目最多的一种定额，也是工程定额中的基础性定额。在预算定额的编制过程中，施工定额的劳动、机械台班、材料消耗的数量标准，是计算预算定额中劳动、机械台班、材料消耗数量标准的重要依据。

（2）预算定额 预算定额是指在编制施工图预算时，计算工程造价和工程中劳动、机械台班、材料需要量所使用的定额。预算定额是一种计价性的定额，在工程定额中占有很重要的地位。从编制程序看，预算定额是概算定额的编制基础。

（3）概算定额 概算定额是指编制扩大初步设计概算时，计算和确定工程概算造价、劳动、机械台班、材料需要量所使用的定额。概算定额的项目划分粗细与扩大初步设计的深度相适应，它一般是预算定额的综合扩大。

（4）概算指标 概算指标是指在三阶段设计的初步设计阶段，编制工程概算，计算和确定工程的初步设计概算造价，计算劳动、机械台班、材料需要量时所采用的一种定额。这种定额的设定和初步设计的深度相适应。概算指标是在概算定额和预算定额的基础上编制的，比概算定额更加综合扩大。概算指标是控制项目投资的有效工具，它所提供的数据也是计划工作的依据和参考。

（5）投资估算指标 投资估算指标是指在项目建议书和可行性研究阶段编制投资估算、计算投资需要量时使用的一种定额。投资估算指标非常概略，往往以独立的单项工程或完整的工程项目为计算对象，项目划分粗细与可行性研究阶段相适应。投资估算指标往往根据历史的预、决算资料和价格变动等资料编制，但其编制基础仍然离不开预算定额、概算定额。

3. 按主编单位和管理权限分类

（1）全国统一定额 全国统一定额是由国家建设行政主管部门综合全国工程建设中技术和施工组织管理的情况编制，并在全国范围内执行的定额。

（2）行业统一定额 行业统一定额是考虑到各行业部门专业工程技术特点，以及施工生产和管理水平编制的，一般只在本行业和相同专业性质的范围内使用。

（3）地区统一定额 地区统一定额主要是考虑地区性特点对全国统一定额水平作适当调整和补充编制的，包括省、自治区、直辖市定额。

（4）企业定额　企业定额是施工企业考虑本企业具体情况，参照国家、部门或地区定额的水平制定的定额。企业定额只在企业内部使用，定额水平一般应高于国家现行定额，才能满足生产技术发展、企业管理和市场竞争的需要。在工程量清单计价方式下，正发挥着越来越大的作用。

（5）补充定额　补充定额是指随着设计、施工技术的发展，现行定额不能满足需要的情况下，为了补充缺陷所编制的定额。补充定额只能在指定的范围内使用，可以作为以后修订定额的基础。

1.4.2　预算定额

1. 预算定额概述

（1）预算定额的概念　预算定额是指在正常合理的施工条件下，确定完成一定计量单位的分部分项工程或结构构件的人工、材料、施工机械台班消耗量和基价（货币量）的数量标准。

预算定额是工程建设中一项重要的技术经济文件，它是由国家主管部门或被授权单位组织编制并颁发的。

本来意义上的预算定额只反映人工、材料、机械台班实物数量，近年各地的预算定额相继根据各地的人工单价、材料预算价格、施工机械台班预算价格，算出了每个项目的基价。因此，现在的预算定额既反映实物量，又反映货币量。预算定额所反映出的实物量和货币量，是对社会平均劳动强度、平均技术熟练程度、平均技术装备条件下的反映，即定额水平是社会平均消耗水平。

（2）预算定额的作用

1）预算定额是编制施工图预算，确定工程造价的依据。

2）预算定额是招投标中编制招标标底和投标报价的依据。

3）预算定额是建筑工程拨付工程价款和竣工决算的依据。

4）预算定额是施工企业编制施工计划，确定人工、材料、机械台班需用量计划的依据。

5）预算定额是施工企业进行经济核算，考核工程成本的依据。

6）预算定额是对设计方案和施工方案进行技术经济评价的依据。

7）预算定额是编制概算定额、概算指标的依据。

（3）预算定额的编制原则

1）平均水平原则。定额水平是指消耗在单位建筑产品上的人工、材料、机械台班数量的多少。平均水平是指在正常施工条件下，在平均劳动强度、平均技术水平、平均机械程度条件下，完成单位合格建筑产品所需的各种消耗量，这种水平就是预算定额的水平。

2）简明适用原则。本原则是针对定额的内容和形式而言。这一原则既要求定额的项目设置要齐全，项目划分粗细要恰当，能满足施工组织设计、工程投标报价、工程造价的确定等多方面的要求，同时又要求定额内容简明扼要，容易被技术人员、造价人员、工人和其他有关人员理解和掌握。

2. 预算定额基价的确定

（1）预算定额的组成 预算定额的内容主要包括文字部分和表格部分。

文字部分包括总说明、分章说明、建筑面积计算规范、工程量计算规则、定额项目表、表头工作内容和附注。总说明分别对定额的编制依据、适用范围及定额的有关规定进行了必要的介绍，同时也指出了预算定额在实际应用中应注意的一些问题。分章说明是针对各分部工程所作的统一规定，介绍了各分部工程所包括的分项工程使用中的有关规定。

表格部分包括定额项目表和附录表。定额项目表主要包括定额编号、项目名称、计量单位、工料机单价及消耗量、费用等内容。

附录主要包括混凝土、砂浆配合比表，材料、成品、半成品损耗率表等内容。

例如，河北省建筑工程计价依据有《全国统一建筑工程基础定额河北省消耗量定额》（上、下）及《全国统一建筑装饰装修工程消耗量定额河北省消耗量定额》三册，每册可分为三部分内容。这三部分内容分别为实体项目（第一部分）、措施项目（第二部分）、附录（第三部分）。

《全国统一建筑工程基础定额河北省消耗量定额》内容如下：总说明；建筑面积计算规范；第一部分（实体项目）有土、石方工程，桩与地基基础工程，砌筑工程，混凝土及钢筋混凝土工程，厂库房大门、特种门、木结构工程，金属结构工程，屋面及防水工程，防腐、隔热、保温工程，构件运输及安装工程，厂区道路及排水工程等十章；第二部分（措施项目）分为可竞争措施项目和不可竞争措施项目，可竞争措施项目包括脚手架工程，模板工程，垂直运输工程，建筑物超高费，其他可竞争措施项目；第三部分为附录。

《全国统一装饰装修工程消耗量定额河北省消耗量定额》内容如下：总说明；第一部分（实体项目）有楼地面工程，墙柱面工程，顶棚工程，门窗工程，油漆、涂料、裱糊工程，其他工程；第二部分（措施项目）分为可竞争措施项目和不可竞争措施项目，可竞争措施项目包括脚手架工程，垂直运输及超高增加费，其他可竞争措施项目；第三部分为附录。

其中每部分又按施工顺序、工程内容、使用材料、建筑结构等分成若干章，每章又按工程内容、施工方法、使用材料等分成若干节。

（2）预算定额基价 为了便于使用，各地区在《全国统一建筑工程基础定额》的基础上，结合本地区的实际情况，编制出适合各地区使用的建筑工程预算定额。例如，表1-7为某地区建筑工程预算定额砌筑工程中基础及实砌内外墙项目的定额基价表，表中反映了该项目中各分项的基价及人工、材料、机械台班费用和消耗数量。

表 1-7 基础及实砌内外墙

工作内容：1. 调运砂浆（包括筛砂子及淋灰膏）、砌砖。基础包括清理基槽。2. 砌窗台虎头砖、腰线、门窗套。3. 安放木砖、铁件。

（单位：10m³）

定 额 编 号			A3-1	A3-2	A3-3	A3-4
项 目 名 称			砖基础	砖砌内外墙（墙厚）		
				一砖以内	一砖	一砖以上
基价/元			2918.52	3467.25	3204.01	3214.17
其中	人工费/元		584.40	985.20	798.60	775.20
	材料费/元		2293.77	2447.91	2366.10	2397.59
	机械费/元		40.35	34.14	39.31	41.38
名　　称	单　　位	单价/元	数　　量			
人工	综合用工二类	工日	60.00	9.740	16.420	13.310	12.920
材料	水泥砂浆 M5.0（中砂）	m³	—	（2.360）	—	—	—
	水泥石灰砂浆 M5.0（中砂）	m³	—		（1.920）	（2.250）	（2.382）
	标准砖 240mm×115mm×53mm	千块	380.00	5.236	5.661	5.314	5.345
	水泥 32.5	t	360.00	0.505	0.411	0.482	0.510
	中砂	t	30.00	3.783	3.078	3.607	3.818
	生石灰	t	290.00	—	0.157	0.185	0.195
	水	m³	5.00	1.760	2.180	2.280	2.360
机械	灰浆搅拌机 200L	台班	103.45	0.390	0.330	0.380	0.400

定额项目表中，各分项的费用及消耗量指标之间的关系，可用下列公式表示：

$$定额基价 = 人工费 + 材料费 + 机械费$$

定额基价中人工、材料、机械费用计算如下：

$$人工费 = 定额各分项综合用工量 × 人工工日单价$$

$$材料费 = \sum （定额各分项材料用量 × 材料预算价格） + 其他材料费$$

$$机械费 = \sum （定额各分项机械台班用量 × 机械台班使用费）$$

式中 其他材料费——次要材料和零星材料的费用（元）。

[例 1-1] 查表 1-1，以定额编号 A3-3 为例，计算其定额基价。

[解] 定额基价 = （798.60 + 2366.10 + 39.31）元/10m³ = 3204.01 元/10m³

人工费 = （13.310 工日 × 60 元/工日）/10m² = 798.60 元/10m³

材料费 = (5.314 千块 × 380 元/千块 + 0.482t × 360 元/t + 3.607t × 30.00 元/t + 0.185t × 290.00 元/t + 2.280m³ × 5.00 元/m³) /10m³

= 2366.10 元/10m³

机械费 = （0.380 台班 × 103.45 元/台班）/10m³ = 39.31 元/10m³

3. 预算定额的应用

预算定额的应用通常有以下三种情况：定额的直接套用、换算和补充。直接套用时，必须根据施工图中的设计要求、工程做法等，选择相应的定额项目。当施工图中规定的工程内容、施工方法、选用材料等与定额规定完全一致时，直接套用；当与定额规定不完全一致、有部分不同时，要考虑换算。同时，要注意分析定额中的有关规定，允许换算的才能换算，不允许换算的，即使不完全一致，也只能直接套用。如果遇到有的工程项目与定额项目完全不一致或无相似定额项目可参照时，则需要编制补充定额并报工程造价主管部门审批后应用。

（1）预算定额的直接套用　当施工图中的设计要求与预算定额中的项目内容一致时，可直接套用定额中人工、材料、机械台班的消耗量，如工程需要也可直接套用各项费用。在编制施工图预算过程中，大多数项目均可直接套用定额。

预算定额的直接套用方法如下：

1）根据施工图设计的分项工程项目内容，选择定额项目。

2）当施工图中的分项工程项目内容与定额规定内容完全一致或虽然不一致，定额规定不允许换算时，即可直接套用。

3）将各分项工程所需内容如定额编号、人工费、材料费、机械费、人材机消耗量、基价等分别填入预算表的相应栏内。

（2）预算定额的换算　当施工图中的设计要求与预算定额中的项目内容不一致时，就需对不一致处进行调整，于是就产生了定额的换算。

预算定额的换算主要包括以下几个方面：

1）砌筑砂浆的换算。当施工图要求的砌筑砂浆强度等级在预算定额中缺项时，根据需要调整砂浆强度等级，求出新的项目定额基价或各种消耗量。

砌筑砂浆强度等级换算时，砂浆用量不变，所以人工费、机械费不变，只调整砂浆材料费。其换算公式为：

$$换算后定额基价 = 换算前定额基价 + 定额砂浆用量 \times (换入砂浆单价 - 换出砂浆单价) \quad (1-1)$$

[**例1-2**]　求 M7.5 水泥石灰砂浆砌筑一砖厚内墙项目定额基价。

[**解**]　查表1-7，定额编号 A3-3 项目，计量单位为 10m³。

$$换算前定额基价 = 3204.01 \ 元/10m^3$$

$$砂浆用量 = 2.25 m^3/10m^3$$

换入、换出砂浆单价从表1-8查出：

M5 砌筑砂浆单价：151.63 元/m³

M7.5 砌筑砂浆单价：157.20 元/m³

$$换算后定额基价 = 3204.01 \ 元/10m^3 + [2.25m^3 \times (157.20 - 151.63) \ 元/m^3] \ /10m^3$$
$$= 3216.54 \ 元/10m^3$$

$$人工费 = 798.60 \ 元/10m^3$$

$$材料费 = 2366.10 \ 元/10m^3 + [2.25m^3 \times (157.20 - 151.63) \ 元/m^3] \ /10m^3$$
$$= 2378.63 \ 元/10m^3$$

$$机械费 = 39.31 \ 元/10m^3$$

表1-8 砌筑砂浆配合比表 （单位:m³）

配合比编码			ZF1-0377	ZF1-0378	ZF1-0379	ZF1-0380
项目名称			水泥石灰砂浆			
			M5.0		M7.5	
			中砂	细砂	中砂	细砂
预算价值/元			151.63	145.22	157.20	150.79
名称	单位	单价/元	数 量			
水泥32.5	t	360.00	0.214	0.214	0.244	0.244
生石灰	t	290.00	0.082	0.082	0.065	0.065
中砂	t	30.00	1.603	—	1.603	—
细砂	t	28.03	—	1.487	—	1.487
水	m³	5.00	0.543	0.543	0.483	0.483

2）抹灰砂浆的换算。当施工图要求的抹灰砂浆配合比或抹灰厚度与预算定额中内容不同时，就需要进行抹灰砂浆的换算。

抹灰砂浆的换算分两种情况：

① 当抹灰砂浆厚度不变，只变换配合比时，则人工费、机械费不变，只调整材料费。

② 当抹灰砂浆厚度变化时，砂浆用量随之发生改变，此时人工费、材料费、机械费均需要调整。

换算公式可采用式(1-1)，使用时，式中用量及价格套用抹灰砂浆项目。

[例1-3] 已知1:3水泥砂浆[⊖]底层，8mm厚，1:3水泥砂浆中层，7mm厚，1:2.5水泥砂浆面层，5mm厚，求抹混凝土墙面项目定额基价。

[解] 查表1-9，定额编号B2-10项目，计量单位为100m²。

换算前定额基价 = 1719.19 元/100m²

底层和中层1:3水泥砂浆用量：1.734m³/100m²

面层1:2水泥砂浆用量：0.578m³/100m²

查表1-10，知底层和中层配合比及厚度不变，面层厚度不变，只换算面层配合比。

换入、换出水泥砂浆单价见表1-11：

1:2水泥砂浆单价：243.54 元/m³

1:2.5水泥砂浆单价：224.19 元/m³

换算后定额基价 = 1719.19 元/100m² + [0.578m³ × (224.19 - 243.54)元/m³]/100m²

= 1708.01 元/100m²

人工费 = 1192.80 元/100m²

材料费 = 496.39 元/100m² + [0.578m³ × (224.19 - 243.54)元/m³]/100m²

= 485.21 元/100m²

机械费 = 30.00 元/m²

⊖ 本书中配合比除特别说明外，均指质量比。

表 1-9 水泥砂浆

工作内容：清理、修补、湿润基层表面、调运砂浆、分层抹灰找平、罩面压光(包括门窗洞口侧壁及堵墙眼)、清扫落地灰、清理等全部操作过程。

(单位:100m²)

定 额 编 号			B2—8	B2—9	B2—10	B2—11
项 目 名 称			墙 面			
			毛石	标准砖	混凝土	轻质砌块
基价/元			2298.69	1741.26	1719.19	1871.98
其中	人工费/元		1455.30	1198.40	1192.80	1358.70
	材料费/元		793.73	511.82	496.39	483.28
	机械费/元		49.66	31.04	30.00	30.00
名 称		单位	单价/元	数 量		
人工	综合用工二类	工日	70.00	20.790	17.120	17.040	19.410
材料	水泥砂浆1:2（中砂）	m³	—	—	(0.578)	(0.578)	(0.578)
	水泥砂浆1:2.5（中砂）	m³	—	(1.156)	—	—	—
	水泥砂浆1:3（中砂）	m³	—	(2.646)	(1.812)	(1.734)	—
	水泥石灰砂浆1:0.5:4（中砂）	m³	—	—	—	—	(1.734)
	水泥32.5	t	360.00	1.630	1.051	1.019	0.844
	生石灰	t	290.00	—	—	—	0.160
	中砂	t	30.00	6.095	3.746	3.621	3.622
	水	m³	5.00	4.816	4.216	4.183	4.876
机械	灰浆搅拌机200L	台班	103.45	0.480	0.300	0.290	0.290

表 1-10 抹灰砂浆厚度取定表(水泥砂浆) (单位:mm)

序号	项 目		底 层		中 层		面 层		总厚度
			砂浆种类	厚度	砂浆种类	厚度	砂浆种类	厚度	
10	墙面	毛石	水泥砂浆1:3	20			水泥砂浆1:2.5	10	30
11		标准砖、混凝土	水泥砂浆1:3	8	水泥砂浆1:3	7	水泥砂浆1:2	5	20
12		轻质砌块	水泥石灰砂浆1:0.5:4	8	水泥石灰砂浆1:0.5:4	7	水泥砂浆1:2	5	20
13		钢板(丝)网	水泥石灰砂浆1:1:4	7	水泥石灰砂浆1:1:4	5	水泥砂浆1:2.5	8	20

表 1-11　抹灰砂浆配合比表 　　　　　（单位：m³）

配合比编码			ZF1—0393	ZF1—0394	ZF1—0395	ZF1—0396	ZF1—0397	ZF1—0398
项目名称			水泥砂浆					
			1:2		1:2.5		1:3	
			中砂	细砂	中砂	细砂	中砂	细砂
预算价值/元			243.54	237.70	224.19	217.75	195.03	188.59
名称	单位	单价/元	数　量					
水泥 32.5	t	360.00	0.551	0.551	0.485	0.485	0.404	0.404
中砂	t	30.00	1.456	—	1.603	—	1.603	—
细砂	t	28.03	—	1.350	—	1.486	—	1.486
水	m³	5.00	0.300	0.300	0.300	0.300	0.300	0.300

[**例 1-4**]　求 1:3 水泥砂浆底层，10mm 厚，1:3 水泥砂浆中层，7mm 厚，1:2 水泥砂浆面层，5mm 厚，抹混凝土墙面项目定额基价。

[**解**]　查表 1-9，定额编号 B2-10 项目，计量单位为 100m²。

换算前定额基价 = 1719.19 元/100m²

底层和中层 1:3 水泥砂浆用量：1.734m³/100m²

面层 1:2 水泥砂浆用量：0.578m³/100m²

查表 1-10，知底层和中层配合比不变，厚度变为 17mm，比定额规定的厚度 15mm 增加 2mm，面层配合比及厚度均不变。

查表 1-12 得出，底层和中层：

人工　人工工日增加：(0.38×2) 工日/100m² = 0.76 工日/100m²

　　　人工费用增加：(0.76×70) 元/100m² = 53.20 元/100m²

机械　机械台班增加：(0.015×2) 台班/100m² = 0.03 台班/100m²

　　　机械费用增加：(0.03×103.45) 元/100m² = 3.10 元/100m²

材料　水泥砂浆用量增加：(0.12×2) m³/100m² = 0.24m³/100m²

　　　水泥砂浆费用增加：(0.24×195.03) 元/100m² = 46.81 元/100m²

　　　水用量增加：(0.01×2) m³/100m² = 0.02m³/100m²

　　　水费用增加：(0.02×5.00) 元/100m² = 0.10 元/100m²

换算后定额基价 = 1719.19 元/100m² + $(53.20 + 3.10 + 46.81 + 0.10)$ 元/100m²

　　　　　　　　 = 1822.40 元/100m²

表 1-12 抹灰砂浆厚度调整表 （单位：100m²）

项　　目	每增减 1mm 厚度消耗量调整			
	人工/工日	机械/台班	砂浆/m³	水/m³
石灰砂浆	0.35	0.014	0.11	0.01
水泥砂浆	0.38	0.015	0.12	0.01
混合砂浆	0.52	0.015	0.12	0.01

3）混凝土强度等级的换算。当施工图要求的构件混凝土强度等级或楼地面混凝土强度等级在预算定额中无法直接查到时，就要进行混凝土强度等级的换算。

此种换算，混凝土用量不变，所以人工费、机械费不变，只换算混凝土强度等级、石子粒径，调整混凝土材料费。其换算公式为：

$$换算后定额基价 = 换算前定额基价 + 定额混凝土用量 \times$$
$$（换入混凝土单价 - 换出混凝土单价） \tag{1-2}$$

[**例 1-5**] 求现浇 C30 混凝土构造柱项目定额基价。

[**解**] 查表 1-13，定额编号 A4-172 项目，计量单位为 10m³。

　　　换算前定额基价 = 3300.59 元/10m³

　　　定额混凝土用量 = 9.8m³/10m³

换入、换出混凝土单价从表 1-14 查出：

C30 混凝土单价：236.50 元/m³

C20 混凝土单价：219.25 元/m³

换算后定额基价 = 3300.59 元/10m³ + [9.892m³ × (236.50 − 219.25) 元/m³]/10m³
　　　　　　　　 = 3471.23 元/10m³

表 1-13 柱

工作内容：混凝土捣固、养护等。

（单位：10m³）

定　额　编　号		A4-172	A4-173	A4-174	A4-175
项　目　名　称		矩形柱	圆形及正多边形柱	构造柱异形柱	升板柱帽
基价/元		3300.59	3337.69	3529.43	3773.54
其中	人工费/元	820.20	858.60	1050.00	1299.00
	材料费/元	2457.22	2455.92	2456.26	2451.37
	机械费/元	23.17	23.17	23.17	23.17

（续）

名　称		单位	单价/元	数　量			
人工	综合用工二类	工日	60.00	13.670	14.310	17.500	21.650
材料	预拌混凝土 C20	m³	240	9.892	9.892	9.892	9.892
	水泥砂浆 1:2（中砂）	m³	—	(0.310)	(0.310)	(0.310)	(0.310)
	水泥 32.5	t	360.00	0.171	0.171	0.171	0.171
	中砂	t	30.00	0.451	0.451	0.451	0.451
	塑料薄膜	m³	0.80	4.000	3.440	3.360	—
	水	m³	5.00	0.970	0.800	0.880	0.440
机械	灰浆搅拌机 200L	台班	103.45	0.040	0.040	0.040	0.040
	混凝土振捣器（插入式）	台班	15.47	1.230	1.230	1.230	1.230

注：正多边形柱是指柱断面为正方形以外的正多边形。

表 1-14　普通混凝土配合比表（泵送部分）

（中砂碎石）　　　　　　　　　　　　　　　　　　　　　　　　　　　（单位：m³）

配合比编码			ZF1-0286	ZF1-0287	ZF1-0288	ZF1-0289
项目名称			粗骨料最大粒径 20mm			
			混凝土强度等级			
			C20	C25	C30	C35
预算价值/元			219.25	220.94	236.50	255.16
名　称	单　位	单价/元	数　量			
水泥 32.5	t	360.00	0.410	—	—	—
水泥 42.5	t	390.00	—	0.382	0.424	0.477
中砂	t	30.00	0.777	0.846	0.771	0.749
碎石	t	42.00	1.124	1.082	1.116	1.084
水	m³	5.00	0.227	0.227	0.227	0.227

4）乘系数换算。乘系数换算是指在使用某些预算定额项目时，按定额的有关规定，需要在原定额的基础上部分或全部数据乘以一定的系数。

[例 1-6]　计算砖基础下灰土垫层的项目基价。假设根据某地区预算定额规定，套用定额后，人工、机械需乘系数 1.2。

$$换算前定额基价 = 2624.85 \ 元/10m^3$$
$$人工费 = 772.80 \ 元/10m^3$$
$$机械费 = 72.73 \ 元/10m^3$$

[解]　换算后项目基价 $= [2624.85 + 772.8000 \times (1.2 - 1) + 72.73 \times (1.2 - 1)] 元/10m^3$
$$= 2793.96 \ 元/10m^3$$

1.4.3 概算定额与概算指标

1. 概算定额

（1）概算定额的概念 概算定额是指确定完成一定计量单位的质量合格的扩大分项工程或扩大结构构件所需消耗的人工、材料、机械台班及资金数量的标准。

概算定额是一种扩大结构定额，也属于一种计价定额。它是在预算定额的基础上，将预算定额中若干分项工程项目进行适当的合并与扩大，综合为一个概算定额项目。例如，砖基础概算定额项目，就是将预算定额中平整场地、挖土、垫层、砖基础、墙基防潮层、回填土、运土等若干个分项工程合并，综合为一个砖基础扩大分项工程。

（2）概算定额的作用

1）概算定额是初步设计阶段编制工程概算和技术设计阶段编制修正概算的依据。

2）概算定额是建设项目编制主要材料申请计划的依据。

3）概算定额是对设计方案进行经济比较的依据。

4）概算定额是编制概算指标的依据。

5）概算定额是招投标工程编制招标标底，进行投标报价的依据。

2. 概算指标

（1）概算指标的概念 概算指标是指以整个建筑物或构筑物为对象，以"m²""m³""座"等为计量单位，规定人工、材料、机械及资金数量的标准。概算指标在概算定额的基础上进一步综合扩大，是综合性更强的一种指标。

（2）概算指标的作用

1）概算指标是设计单位在方案设计阶段，编制投资估算、选择设计方案的依据。

2）概算指标是基建主管部门编制基本建设投资计划、估算主要材料消耗量的依据。

3）概算指标是控制工程项目投资的依据。

（3）概算指标的主要内容 概算指标的主要内容包括总说明、分册说明、经济指标、结构特征等。

总说明是指从总体上说明概算指标的用途、编制依据、适用范围、分册情况、工程量计算规则及其他内容。分册说明是指就本册的具体问题作出必要的说明。

工程概况包括建筑面积、结构类型、建筑层数、建筑地点、施工日期、工程各部位的结构及做法等。

经济指标是概算指标的核心部分，它包括该工程每平方米造价指标及每平方米建筑面积扩大分项工程量、工料消耗量指标。

━━━ 单 元 小 结 ━━━

1. 建设项目的组成是进行工程造价计算首要掌握的内容。一个建设项目，从大到小依次划分为单项工程、单位工程、分部工程和分项工程。

2. 建设项目可从建设性质、建设规模、建设用途、建设工程资金来源等几个方面进行分类。

3. 建设项目的建设程序需随国家的相应文件不断地进行改进和完善，我国现行的建设程序一般需经过立项、可研、设计、施工、竣工验收、后评估等几个阶段。在建设程序的不同阶段，需进行不同的工程造价计算。

4. 我国现行的建筑安装工程费用由直接费、间接费、利润和税金四个部分组成。

5. 工程定额是进行工程造价计算的主要依据，它可以从定额反映的生产要素内容、定额的编制程序和用途、投资的费用性质等几个方面进行分类。

6. 掌握预算定额的概念、编制原则及预算定额基价的确定。

7. 预算定额的换算中，需掌握砌筑砂浆、抹灰砂浆、混凝土强度等级的换算方法及应用。

复习思考题

1-1　什么是建设项目？

1-2　建设项目按其组成内容可划分为哪几个层次？试举例说明。

1-3　建设项目的建设程序一般可分为哪几个阶段？

1-4　在建设项目的各阶段，应分别编制什么形式的工程造价？

1-5　工程定额应如何进行分类？

1-6　河北省现行的建筑安装工程由哪些费用构成？

单元 2

建筑及装饰装修工程施工图预算编制

单元概述

本单元的主要内容有：施工图预算的编制依据和步骤，建筑面积计算规范，建筑及装饰装修工程各分部分项工程工程量计算规则，建筑及装饰装修工程造价计价程序。

学习目标

通过本单元的学习，了解施工图预算的编制依据和步骤，掌握一般工业与民用建筑的建筑面积计算方法，熟悉各分部分项工程工程量计算方法以及工程造价计算。

课题 1 施工图预算的编制和有关规定

2.1.1 施工图预算的编制依据和步骤

1. 施工图预算的编制依据

1）经过批准和会审的施工图设计文件和有关标准图集。

2）经过批准的施工组织设计。施工组织设计确定各分部分项工程的施工方法、施工进度计划、施工机械的选择、施工平面图的布置及主要技术措施等内容，它与工程量计算、选套定额项目等有密切关系。

3）建筑工程预算定额。全国各地有本地区适用的预算定额，其中有项目划分、定额说明、工程内容、工程量计算规则及各类实物消耗指标。根据单位估价表可以具体计算出各类实物消耗量的货币表现形式和分项工程的价格。

4）建筑工程费用组成及费率标准。国家建筑工程费用是指直接发生在建筑工程施工生产过程中的费用、施工企业和项目经理部在组织管理施工生产经营活动中间接地为工程支出的费用，以及按国家规定收取的利润和缴纳税金的总称。各地编有与本地区预算定额相适应的费率标准，如河北省的《河北省建筑、安装、市政、装饰装修工程费用标准》与《河北省消耗量定额》配套使用。

5）材料预算价格。各地区建设主管部门开设当地造价信息网站，及时向社会公布建筑市场各材料的参考价格。如果材料的参考价格与预算定额有较大出入时，允许按实际价格调整各分项工程的预算价格。材料预算价格是编制施工图预算的必备资料。

6）预算工作手册。预算工作手册的内容主要有：各种常用数据和计算公式、金属材料的规格和单位质量等。预算工作手册是编制施工图预算的必备工具书。

2. 施工图预算的编制步骤

（1）收集有关文件和资料　主要有施工图设计文件、施工组织设计、材料预算价格、预算定额、地区工程费用组成及其费率、工程承包合同、预算工作手册等。

（2）熟悉全部文件和资料

1）熟悉施工图设计文件，在头脑中形成工程的全貌。

① 熟悉图样目录、设计总说明和建筑总平面图，了解建筑物的朝向、地理位置及其他概况。

② 熟悉建筑，结构平、立、剖面图及详图，了解房屋的尺寸、用途及各构件配筋等，对照各图之间有无矛盾；查看详图和构配件标准图集，了解其细部做法。

③ 掌握设计变更情况，所有处理结果应取得设计签证，它是修改图样和编制施工图预算的依据。

2）熟悉施工组织设计。

① 施工方法：如土方工程施工，采用人工挖土还是机械挖土；土方边坡放坡系数不同，工程量、预算单价、预算价格也不同。

② 施工机械的选择：选用的施工机械不同，选套的定额项目也不同。

③ 工具设备的选择：如现浇混凝土工程中的模板，选取模板的类型不同，预算价格也不同。

④ 运输距离的远近：如挖、填土方运输，金属结构构件运输，都要按运输距离的远近分别计算。

3）熟悉预算定额。

（3）熟悉施工现场情况　为编制出符合施工实际情况的施工图预算，必须全面掌握施工现场情况，如障碍物拆除、场地平整、土方开挖和基础施工状况等，同时还要了解现场施工条件、施工方法和技术组织措施等。

（4）列项并计算工程量　这是施工图预算编制工作中最繁重、最细致的环节，需要注意的是：

1）分部分项工程项目的划分和计量单位应与定额一致。

2）尺寸一定要准确，并与图样尺寸相吻合；工程量计算方法要符合工程量计算规则的要求。

3）要按照一定的计算顺序计算，防止重复和遗漏。计算式各组成项的排列次序要尽可能一致。

4）工程量计算底稿要整齐、数字清楚、数值准确，忌潦草零乱、辨认不清。

（5）套用定额并计算费用　套用预算定额，计算直接费，进行工料分析。

（6）计算工程总造价　按照当地工程费率所规定的取费基数和造价计算程序来计算工

程总造价。

（7）编写预算说明　计算完工程总造价后，需要编写预算说明，填写封面，并装订成册。预算说明通常包括以下几项内容：

1）工程概况。通常写明工程编号、工程名称、结构形式、建筑面积、层数、装修情况等。

2）编制依据。编制施工图预算时采用的施工图、标准图集、设计变更；采用的定额及其他相关资料。

3）其他有关说明。通常是指在施工图预算中无法表示，需要用文字补充说明的。

封面通常需填写的内容有：工程编号及名称、建设单位名称、建筑结构形式、建筑面积、工程造价及单方造价、编制单位及日期等。

2.1.2　工程量计算的依据及有关规定

1. 工程量的概念

工程量是指用物理计量单位或自然计量单位表示的建筑分项工程的实物数量。

物理计量单位是指须经量度的具有物理属性的单位，如 m、m^2、t、kg 等单位；自然计量单位是指毋须经量度的具有自然属性的单位，如个、组、件、套等单位。

2. 工程量计算的依据

1）经会审的施工图及纪要。

2）经审定的施工组织设计或施工方案。

3）工程承包合同。

3. 工程量计算的有关规定

1）工程量的计算尺寸，以施工图表示的尺寸或施工图能读出的尺寸为准。

2）除另有规定外，工程量计量单位应按下列规定计算：

① 以体积计算的工程量单位为立方米（m^3）。

② 以面积计算的工程量单位为平方米（m^2）。

③ 以长度计算的工程量单位为米（m）。

④ 以质量计算的工程量单位为吨（t）或千克（kg）。

3）汇总工程量时，其精度取值为：

① 以 m^3、m^2、m 为单位时，小数取两位。

② 以 t 为单位时，小数取三位。

③ 以 kg 或自然计量单位为单位时，取整数。

4）计算工程量时，一般应按施工图顺序，分部分项依次计算，并尽可能地采用计算表格或用计算机计算，以简化工程量的计算过程。

课题 2　建筑面积计算规范

2.2.1　建筑面积概述

建筑面积是指建筑物的水平平面面积，即外墙勒脚以上各层水平投影面积的总和，以 m^2 为计算单位。

由于建筑面积是一项重要的技术经济指标，是计算建筑工程工程量的主要指标，是计算单位工程每平方米预算造价的主要依据，是统计部门汇总并发布房屋建筑面积完成情况的基础，所以在建筑工程造价管理方面起着非常重要的作用。

为适应建筑市场的发展需要，解决新建筑结构和新技术的发展对建筑面积计算的影响，并考虑到建筑面积计算习惯和国际上的通用做法，原国家建设部（现住房和城乡建设部）于 2005 年 4 月修订出版了《建筑工程建筑面积计算规范》（GB/T 50353—2005），并于 2005 年 7 月 1 日起实施。

2.2.2　术语

1）层高。指上下两层楼面或楼面与地面之间的垂直距离。

2）自然层。指按楼板、地板结构分层的楼层。

3）架空层。指建筑物深基础或坡地建筑吊脚架空部位不回填土石方形成的建筑空间。

4）走廊。指建筑物的水平交通空间。

5）挑廊。指挑出建筑物外墙的水平交通空间。

6）檐廊。指设置在建筑物底层出檐下的水平交通空间。

7）回廊。指在建筑物门厅、大厅内设置在二层或二层以上的回形走廊。

8）门斗。指在建筑物出入口设置的起分隔、挡风、御寒等作用的建筑过渡空间。

9）建筑物通道。指为道路穿过建筑物而设置的建筑空间。

10）架空走廊。指建筑物与建筑物之间，在二层或二层以上专门为水平交通设置的走廊。

11）勒脚。指建筑物的外墙与室外地面或散水接触部位墙体的加厚部分。

12）围护结构。指围合建筑空间四周的墙体、门、窗等。

13）围护性幕墙。指直接作为外墙起围护作用的幕墙。

14）装饰性幕墙。指设置在建筑物墙体外起装饰作用的幕墙。

15）落地橱窗。指凸出外墙面根基落地的橱窗。

16）阳台。指供使用者进行活动和晾晒衣物的建筑空间。

17）眺望间。指设置在建筑物顶层或挑出房间的供人们远眺或观察周围情况的建筑空间。

18）雨篷。指设置在建筑物进出口上部的遮雨、遮阳篷。

19）地下室。指房间地平面低于室外地平面的高度超过该房间净高的 1/2 者为地下室。

20）半地下室。指房间地平面低于室外地平面的高度超过该房间净高的1/3，且不超过1/2者为半地下室。

21）变形缝。指伸缩缝（温度缝）、沉降缝和抗震缝的总称。

22）永久性顶盖。指经规划批准设计的永久使用的顶盖。

23）飘窗。指为房间采光和美化造型而设置的凸出外墙的窗。

24）骑楼。指楼层部分跨在人行道上的临街楼房。

25）过街楼。指有道路穿过建筑空间的楼房。

2.2.3 计算建筑面积的范围

1）单层建筑物的建筑面积，应按其外墙勒脚以上结构外围水平面积计算（图2-1），并应符合下列规定：

① 单层建筑物高度在2.20m及以上者应计算全面积；高度不足2.20m者应计算1/2面积。

② 利用坡屋顶内空间时，净高超过2.10m的部位应计算全面积；净高在1.20m至2.10m的部位应计算1/2面积；净高不足1.20m的部位不应计算面积。

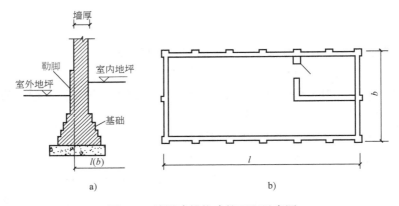

图2-1 单层建筑物建筑面积示意图

a）勒脚示意图 b）建筑平面示意图

2）单层建筑物内设有局部楼层者，局部楼层的二层及以上楼层，有围护结构的应按其围护结构外围水平面积计算，无围护结构的应按其结构底板水平面积计算（图2-2）。层高在2.20m及以上者应计算全面积；层高不足2.20m者应计算1/2面积。

说明：

① 外墙上的装饰层厚度不计算建筑面积。

② 各层平面尺寸不同时，要分层计算建筑面积然后汇总。

[**例2-1**] 如图2-2所示，某单层建筑物内设有局部楼层，试计算其建筑面积。

[**解**] 该单层建筑物的底层建筑面积 = (6.00 + 4.00 + 0.24)m × (3.30 + 2.70 + 0.24)m

= 10.24m × 6.24m

= 63.90m²

该单层建筑物的楼隔层建筑面积 = (4.00 + 0.24)m × (3.30 + 0.24)m

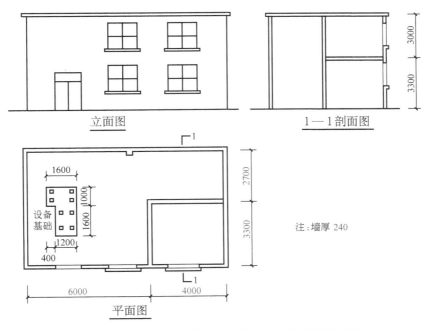

图 2-2　单层建筑物内设有局部楼层者建筑面积示意图

$$= 4.24\text{m} \times 3.54\text{m}$$
$$= 15.01\text{m}^2$$

该单层建筑物的全部建筑面积 $= 63.90\text{m}^2 + 15.01\text{m}^2 = 78.91\text{m}^2$

3）多层建筑物首层应按其外墙勒脚以上结构外围水平面积计算；二层及以上楼层应按其外墙结构外围水平面积计算。层高在 2.20m 及以上者应计算全面积；层高不足 2.20m 者应计算 1/2 面积。

说明：同一建筑物如结构类型不同时，应分别计算建筑面积。例如，当底层是框架结构、楼上各层是砖混结构时，应按结构类型的不同分别计算建筑面积。

4）多层建筑坡屋顶内和场馆看台下，当设计加以利用时，净高超过 2.10m 的部位应计算全面积；净高在 1.20m 至 2.10m 的部位应计算 1/2 面积；当设计不利用或室内净高不足 1.20m 时不应计算面积。

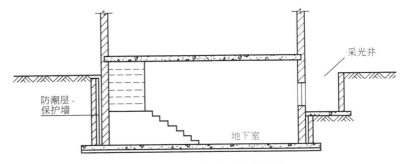

图 2-3　地下室建筑面积示意图

5）地下室、半地下室（车间、商店、车站、车库、仓库等），包括相应的有永久性顶盖的出入口，应按其外墙上口（不包括采光井、外墙防潮层及其保护墙）外边线所围水平面积计算。层高在 2.20m 及以上者应计算全面积；层高不足

2.20m 者应计算 1/2 面积。地下室建筑面积计算示意图如图 2-3 所示。

说明：

① 各类地下室按露出地面的外墙所围的面积计算建筑面积，立面防潮层及其保护墙厚度不算在内。

② 为了满足地下室的采光和通风要求，在围护墙上开设了采光井，一般井口设有铁栅，井的侧面开有地下室用的窗子（图 2-3）。该采光井不计算建筑面积。

6）坡地的建筑物吊脚架空层、深基础架空层，设计加以利用并有围护结构的，层高在 2.20m 及以上的部位应计算全面积；层高不足 2.20m 的部位应计算 1/2 面积（图 2-4）。设计加以利用、无围护结构的建筑吊脚架空层，应按其利用部位水平面积的 1/2 计算（图 2-4）；设计不利用的深基础架空层、坡地吊脚架空层、多层建筑坡屋顶内、场馆看台下的空间不计算建筑面积。

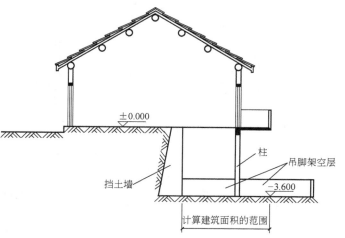

图 2-4　坡地建筑物吊脚架空层示意图

说明："场馆"实质上是指"场"（如足球场、网球场等），即看台上有永久性顶盖部分。"馆"应是有永久性顶盖和围护结构的建筑物，按单层或多层建筑相关规定计算建筑面积。

7）建筑物的门厅、大厅按一层计算建筑面积。门厅、大厅内设有回廊时，应按其结构底板水平面积计算（图 2-5）。层高在 2.20m 及以上者应计算全面积；层高不足 2.20m 者应计算 1/2 面积。

说明：影剧院、宾馆、写字楼等大楼内的门厅或大厅，往往占二层或二层以上高度，这时只能算一层建筑面积。

8）建筑物间有围护结构的架空走廊，应按其围护结构外围水平面积计算。层高在 2.20m 及以上者应计算全面积；层高不足 2.20m 者应计算 1/2 面积。有永久性顶盖无围护结构的应按其结构底板水平面积的 1/2 计算。

9）立体书库、立体仓库、立体车库，无结构层的应按一层计算，有结构层的应按其结构层面积分别计算。层高在 2.20m 及以上者应计算全面积；层高不足 2.20m 者应计算 1/2 面积。

说明：立体书库、立体仓库、立体车库不论是否有围护结构，均按是否有结构层来区分不同的层高确定建筑面积计算的范围，改变以往按书架层和货架层的层数计算建筑面积的规定。

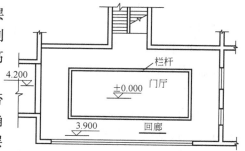

图 2-5　门厅、大厅内设有回廊示意图

10）有围护结构的舞台灯光控制室，应按其围护结构的外围水平面积计算。层高在 2.20m 及以上者应计算全面积；层高不足 2.20m 者应计算 1/2 面积。

11）建筑物外有围护结构的落地橱窗、门斗（图 2-6）、挑廊、走廊、檐廊，应按其围护结构外围水平面积计算。层高在 2.20m 及以上者应计算全面积；层高不足 2.20m 者应计算 1/2 面积。有永久性顶盖无围护结构的（图 2-7），应按其结构底板水平面积的 1/2 计算。

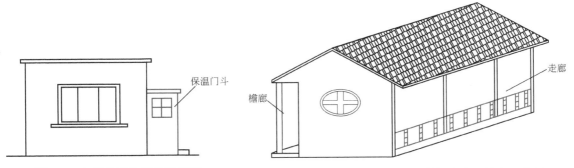

图 2-6　有围护结构门斗示意图　　　　图 2-7　有永久性顶盖无围护结构走廊、檐廊示意图

12）有永久性顶盖但无围护结构的场馆看台应按其顶盖水平投影面积的 1/2 计算。

13）建筑物顶部有围护结构的楼梯间、水箱间、电梯机房等，层高在 2.20m 及其以上者应计算全面积；层高不足 2.20m 者应计算 1/2 面积。

说明：如遇建筑物屋顶的楼梯间是坡屋顶，应按坡屋顶有关条文计算面积，即 2.2.3 节第 1）条中的②。

14）设有围护结构，不垂直于水平面而超出底板外沿的建筑物，应按其底板面的外围水平面积计算。层高在 2.20m 及以上者应计算全面积；层高不足 2.20m 者应计算 1/2 面积。

说明：

① 围护结构不垂直于水平面而超出底板外沿的建筑物，是指向建筑物外倾斜的墙体。

② 若遇有向建筑物内倾斜的墙体，应视为坡屋顶，应按坡屋顶有关条文计算面积，即 2.2.3 节第 1）条中的②。

15）建筑物内的室内楼梯间、电梯井、观光电梯井、提物井、管道井、通风排气竖井、垃圾道、附墙烟囱应按建筑物的自然层计算建筑面积。

说明：

① 提物井是指图书馆或饭店用于提升书籍或食物等物件的垂直通道。

② 垃圾道是指住宅或办公楼等每层设有垃圾倾倒口的垂直通道。

③ 管道井是指宾馆或写字楼内集中安装采暖、给水排水、消防等管道用的垂直通道。

④ "按自然层计算建筑面积"是指用上述楼梯或通道的水平投影面积乘上楼层数后得出的建筑面积。

⑤ 遇有跃层建筑，其共用的室内楼梯应按自然层计算面积；上下两错层户室共用的室内楼梯，应选上一层的自然层数计算面积（图 2-8）。

[**例 2-2**]　如图 2-8 所示，若楼梯一层的水平投影面积为 S，请计算该楼梯建筑面积。

[**解**] 该楼梯总建筑面积 $= S \times 6 = 6S$

16) 雨篷结构外边线至外墙结构外边线的宽度超过2.10m者，应按雨篷结构板的水平投影面积的1/2计算。

说明：无论有柱雨篷还是无柱雨篷，计算均一致，即只以其宽度是否超过2.10m来衡量，超过者就按雨篷结构板水平投影面积的1/2计算，不超过者不计算建筑面积。

17) 有永久性顶盖的室外楼梯，应按建筑物自然层的水平投影面积的1/2计算。

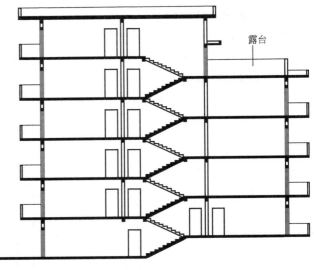

图2-8 户室错层剖面示意图

说明：室外楼梯，如最上层楼梯无永久性顶盖，或不能完全遮盖楼梯的雨篷，最上层楼梯不计算面积，上层楼梯可视为下层楼梯的永久性顶盖，下层楼梯应计算面积。

18) 建筑物的阳台，不论是凹阳台(图2-9)、挑阳台(图2-10)、封闭阳台、不封闭阳台均按其水平投影面积的1/2计算。

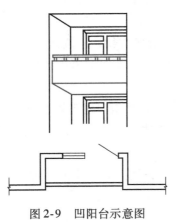
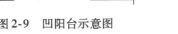

图2-9 凹阳台示意图

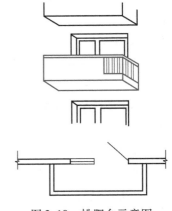

图2-10 挑阳台示意图

19) 有永久性顶盖但无围护结构的车棚、货棚、站台、加油站、收费站等，应按其顶盖水平投影面积的1/2计算。

说明：

① 由于建筑技术的发展，柱不再是单纯的直立柱，而出现正V形柱、倒∧形柱，因此，我们不再以柱来确定面积的计算，而依据顶盖的水平投影面积计算。

② 在车棚、货棚、站台、加油站、收费站内设有围护结构的管理室、休息室等，应另按相关条文计算面积。

20）高低联跨的建筑物，应以高跨结构外边线为界分别计算建筑面积（图 2-11）；其高低跨内部连通时，其变形缝应计算在低跨面积内。

如图 2-11a 所示，高跨面积 = b_1（边柱外墙至中柱外边宽）×建筑物长

如图 2-11b 所示，高跨面积 = b_4（中间跨的两根柱外边宽）×建筑物长

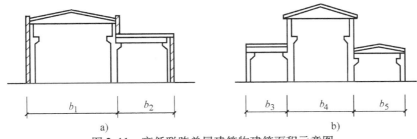

图 2-11　高低联跨单层建筑物建筑面积示意图
a）高跨为边跨时　b）高跨为中间跨时

21）以幕墙作为围护结构的建筑物，应按幕墙外边线计算建筑面积。

22）建筑物外墙外侧有保温隔热层的，应按保温隔热层外边线计算建筑面积。

23）建筑物内的变形缝，应按其自然层合并在建筑物面积内计算。

2.2.4　不计算建筑面积的范围

不计算建筑面积范围包括有：

1）建筑物通道（骑楼、过街楼的底层），如图 2-12 所示。

图 2-12　不计算建筑面积的过街楼示意图

说明：骑楼是指楼层部分跨在人行道上的临街楼房；过街楼是指有道路穿过建筑空间的楼房。

2）建筑物内的设备管道夹层。

3）建筑物内分隔的单层房间，舞台及后台悬挂幕布、布景的天桥、挑台等。

4）屋顶水箱、花架、凉棚、露台、露天游泳池等。

5）建筑物内的操作平台、上料平台、安装箱和罐体的平台等。

6）勒脚、附墙柱、垛（图 2-13）、台阶、墙面抹灰、装饰面、镶贴块料面层、装饰性幕墙、空调室外机搁板（箱）、飘窗、构件、配件、宽度在 2.10m 及以内的雨篷（图 2-14），以及与建筑物内不相连通的装饰性阳台、挑廊等。

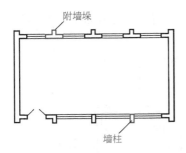

图 2-13 不计算建筑面积的附墙柱、垛示意图

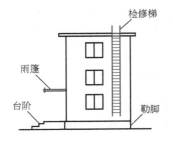

图 2-14 不计算建筑面积的雨篷、爬梯等示意图

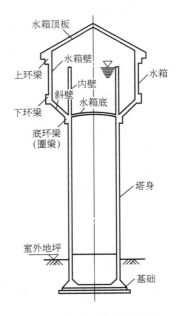

图 2-15 水塔构造示意图

7）无永久性顶盖的架空走廊、室外楼梯和用于检修、消防等的室外钢楼梯、爬梯等（图 2-14）。

8）自动扶梯、自动人行道。

9）独立烟囱、烟道、地沟、油（水）罐、气柜、水塔（图 2-15）、贮油（水）池、贮仓、栈桥、地下人防通道、地铁隧道等构筑物。

课题 3 建筑工程工程量计算规则

一般建筑工程中，每个分项工程量计算规则，全国各地不尽相同，用单价法及工程量清单计算时也有所不同，为说明问题并在一定范围内有实用性，本课题以《全国统一建筑工程基础定额河北省消耗量定额》为例来讲解，各地可按当地预算定额中的规则计算。

2.3.1 土、石方工程

土、石方工程量计算包括平整场地、沟槽、基坑的挖土、回填土和运土等工程项目。

1. 土、石方工程量计算的有关规定

1）计算土、石方工程量前，应确定以下内容：

① 土壤、岩石分类。工程量计算中，土壤类别分为一、二类土，三类土和四类土；岩石分为松石、次坚石、普坚石、特坚石。

② 地下水位的标高。

③ 挖土的起止标高、施工方法及运距。

④ 岩石开凿及爆破方法、石碴清运方法及运距。

2）土方均以挖掘前的天然密实体积计算。

3）建筑物、构筑物及管道沟挖土，按设计室外地坪以下以 m³ 计算。

4）土方项目是按干土编制的，干、湿土的划分以地质勘测资料为准，含水率≥25％时为湿土。人工挖湿土时，乘以系数1.18；机械挖湿土时，人工、机械乘以系数1.15。

图 2-16　平整场地示意图

2. 平整场地

1）平整场地是指厚度在 ±300mm 以内的就地挖、填、找平，如图 2-16 所示。

2）工程量计算规则。

① 建筑物按其底面积（包括外墙保温板）计算，包括有基础的底层阳台面积。

② 围墙按中心线每边各增加1m计算，如图 2-17 所示，其平整场地工程量 = 2.00m × 12.00m = 24.00m²。

③ 道路及室外管道沟不计算平整场地的工程量。

④ 300mm 以上的场地平整，是指设计标高与自然标高之差所产生的挖土或填土。其工程量可按方格网法或其他方法进行计算（具体可参见有关建筑施工技术方面的书籍），分别执行挖土方和回填土定额。

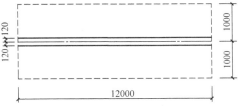

图 2-17　围墙平整场地示意图

3. 挖土的相关概念和规定

1）放坡系数。计算挖沟槽、基坑、土方工程量时，按表 2-1 的规定计算放坡系数，并根据土质、放坡起点及相应放坡系数放坡。

表 2-1　土方工程放坡系数表

土 壤 类 别	放坡起点/m	人 工 挖 土	机 械 挖 土	
			在坑内作业	在坑上作业
一、二类土	1.20	1:0.50	1:0.33	1:0.75
三类土	1.50	1:0.33	1:0.25	1:0.67
四类土	2.00	1:0.25	1:0.10	1:0.33

注：在挖土方、沟槽、基坑时，如遇不同土壤类别，应根据地质勘测资料分别计算，其边坡放坡系数可根据各土壤类别及深度加权取定。

说明：

① 放坡系数 K 是指放坡宽度与放坡深度之比，即：$K = b/H$，如图 2-18 所示，故放坡宽度 $b = KH$。习惯上，放坡坡度写为 1:K。

如表 2-1 中三类土的放坡起点为 1.5m，即基坑开挖深度超过 1.5m 时，需要放坡；此时若采用人工挖土，则放坡坡度为 1:0.33，放坡系数 K 为 0.33。

② 沟槽放坡时，交接处重复工程量不予扣除，如图 2-19 所示。

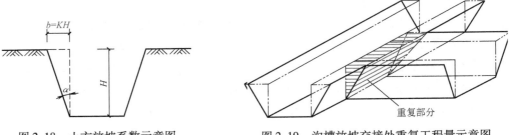

图 2-18 土方放坡系数示意图　　　　　　图 2-19 沟槽放坡交接处重复工程量示意图

③ 放坡起点。灰土垫层由垫层上表面开始放坡，无垫层的由基础底面开始放坡；混凝土垫层由垫层底面开始放坡，如图 2-20 和图 2-21 所示。

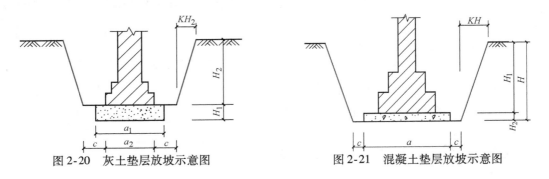

图 2-20 灰土垫层放坡示意图　　　　　　图 2-21 混凝土垫层放坡示意图

④ 因土质不好，地基处理采用挖土、换土时，其放坡起点应从实际挖深开始。

2）基础工程施工所需增加的工作面宽度，可按表 2-2 的规定计算。

表 2-2 基础工程施工所需增加的工作面宽度

基 础 材 料	每边各增加工作面宽度/mm
砖基础	200
浆砌毛石、条石基础	300
混凝土基础或垫层需支模板	300
基础垂直面做防水层	800（防水层面）

注：以上多种情况存在时，按较大值计算。

3）挖沟槽、地坑需支设挡土板时，其宽度按沟槽、地坑底宽，单面加 100mm，双面加 200mm 计算，如图 2-22 所示。支挡土板，不再计算放坡。

4）人工挖沟槽、地坑深度超过 3m 时应分层开挖，底分层按深 2m 考虑，层间每侧留工作台 800mm，如图 2-23 所示。

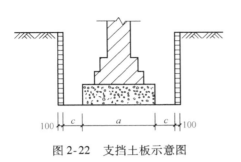

图 2-22　支挡土板示意图

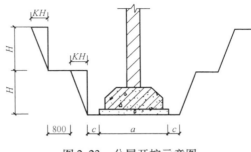

图 2-23　分层开挖示意图

4. 挖土的相关计算公式

（1）挖沟槽　凡槽底宽度在 3m 以内，且槽长大于槽宽三倍的称沟槽。根据沟槽深度、基础类型、垫层类型等决定是否放坡，放坡系数及工作面宽度不同，则套用不同的计算公式。

1）混凝土垫层需放坡时（图 2-21）的挖土体积计算公式为：

$$V = (a + 2c + KH)HL \tag{2-1}$$

式中　a——基础垫层宽度（m）；

c——预留工作面（m）；

K——放坡系数；

H——挖土深度（m）；

L——槽底长度（m），外墙沟槽长度按施工图示尺寸的沟槽中心线计算，内墙沟槽长度按施工图示尺寸的沟槽净长线计算，其突出部分（垛、附墙烟囱等）体积并入沟槽土方工程量内。

2）混凝土垫层不放坡时（图 2-24）挖土体积计算公式为：

$$V = (a + 2c)HL \tag{2-2}$$

3）灰土垫层不放坡时（图 2-25）挖土体积计算公式为：

$$V = [a_1 H_1 + (a_2 + 2c)H_2]L \tag{2-3}$$

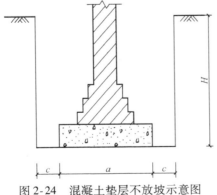

图 2-24　混凝土垫层不放坡示意图

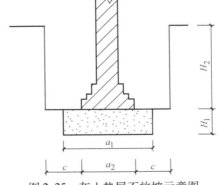

图 2-25　灰土垫层不放坡示意图

4）灰土垫层需放坡时（图2-20）挖土体积计算公式为：

$$V = [a_1 H_1 + (a_2 + 2c + KH_2)H_2]L \qquad (2-4)$$

[例2-3] 某工程一段沟槽长为9.63m，为砖基础，灰土垫层，如图2-26所示，试计算人工挖沟槽的土方工程量（该地区为三类土）。

[解] 已知 $a_1 = 0.90\text{m}$ $a_2 = 0.63\text{m}$

$H_1 = 0.30\text{m}$ $H_2 = 1.55\text{m}$

由表2-2查得，砖基础两边需留工作面$c = 0.2\text{m}$

基础埋深1.55m的三类土，查表2-1，超过放坡起点1.5m，此时人工挖土的放坡系数$K = 0.33$，代入式（2-4）中得：

$$V = [0.90\text{m} \times 0.30\text{m} + (0.63\text{m} + 2 \times 0.20\text{m} + 0.33 \times$$
$$1.55\text{m}) \times 1.55\text{m}] \times 9.63\text{m}$$
$$= (0.27 + 2.39)\text{m}^2 \times 9.63\text{m}$$
$$= 25.62\text{m}^3$$

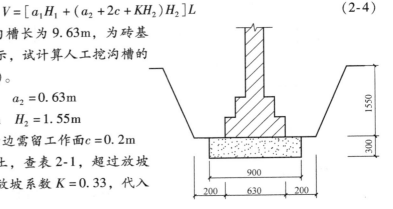

图2-26 灰土垫层放坡示意图

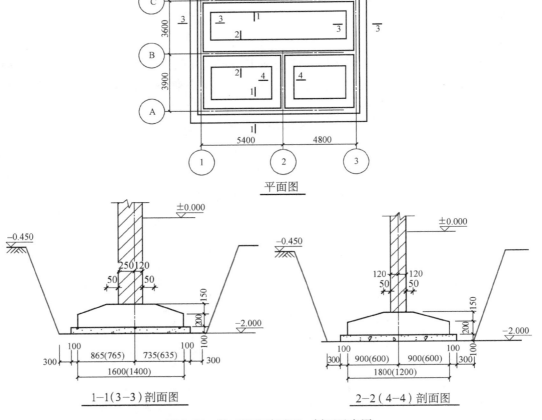

图2-27 某工程基础平面、剖面示意图

[例 2-4]　已知某工程的基础平面、剖面，如图 2-27 所示，三类土，施工组织确定人工开挖基槽，试计算其土方开挖工程量。

[解]　1）判断是否放坡。如图 2-27 所示，此工程为混凝土垫层，放坡起点自混凝土垫层底面开始，计算混凝土垫层埋置深度 $H = 2.0\text{m} - 0.45\text{m} = 1.55\text{m} > 1.50\text{m}$（查表 2-1），所以，需放坡。

套用公式（2-1）：$V = (a + 2c + KH)HL$

2）计算 1—1 剖面土方开挖工程量。由图 2-27 中 1—1 剖面尺寸及位置可知：

垫层宽度 $a = 1.6\text{m} + 0.1\text{m} \times 2 = 1.8\text{m}$

槽长 $L = (5.4\text{m} + 4.8\text{m} + 0.0625\text{m} \times 2) \times 2 = 20.65\text{m}$

上式中的 0.0625m 是求槽长中心线长时，偏轴变中轴时的轴线移动尺寸（详见 2.3.3 节砌筑工程中[例 2-9]）。此时墙厚按预算中规定，一砖半墙按 365mm 计算。

查表 2-2 知：两端放出工作面 $c = 0.30\text{m}$

查表 2-1 知：三类土人工挖土的放坡系数 $K = 0.33$

将以上各值代入式（2-1）中得：

$V = (1.8\text{m} + 2 \times 0.3\text{m} + 0.33 \times 1.55\text{m}) \times 1.55\text{m} \times 20.65\text{m} = 93.19\text{m}^3$

3）同理计算 2—2、3—3、4—4 剖面土方开挖工程量（与 1—1 剖面相比，c、K、H 值不变），列表 2-3 计算如下：

表 2-3　各剖面挖槽体积

参数 剖面	a/m	L/m	V/m^3
2-2	$1.8\text{m} + 0.1\text{m} \times 2 = 2.0\text{m}$	$5.4\text{m} + 4.8\text{m} - (0.635 + 0.1 + 0.3)\text{m} \times 2 = 8.13\text{m}$	$(2.0\text{m} + 2 \times 0.3\text{m} + 0.33 \times 1.55\text{m}) \times 1.55\text{m} \times 8.13\text{m} = 39.21\text{m}^3$
3-3	$1.4\text{m} + 0.1\text{m} \times 2 = 1.6\text{m}$	$(3.9\text{m} + 3.6\text{m} + 0.0625\text{m} \times 2) \times 2 = 15.25\text{m}$	$(1.6\text{m} + 2 \times 0.3\text{m} + 0.33 \times 1.55\text{m}) \times 1.55\text{m} \times 15.25\text{m} = 64.09\text{m}^3$
4-4	$1.2\text{m} + 0.1\text{m} \times 2 = 1.4\text{m}$	$3.9\text{m} - (0.735 + 0.1 + 0.3)\text{m} - (0.9 + 0.1 + 0.3)\text{m} = 1.465\text{m}$	$(1.4\text{m} + 2 \times 0.3\text{m} + 0.33 \times 1.55\text{m}) \times 1.55\text{m} \times 1.465\text{m} = 5.70\text{m}^3$

土方开挖总工程量：$V = 93.19\text{m}^3 + 39.21\text{m}^3 + 64.09\text{m}^3 + 5.70\text{m}^3 = 202.19\text{m}^3$

（2）挖地坑　凡施工图示底面积在 20m^2 以内的挖土称挖地坑，其计算方法如下：

1）矩形不放坡地坑的挖土体积计算公式为：

$$V = (a + 2c) \times (b + 2c)H \qquad (2-5)$$

2）矩形放坡地坑（图 2-28）的挖土体积计算公式为：

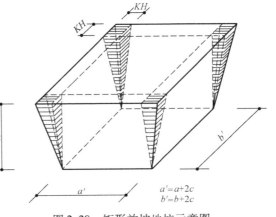

$$a' = a + 2c$$
$$b' = b + 2c$$

图 2-28　矩形放坡地坑示意图

$$V = (a + 2c + KH) \times (b + 2c + KH)H + \frac{1}{3}K^2H^3 \qquad (2\text{-}6)$$

式中　a——基础垫层长度(m)；

　　　b——基础垫层宽度(m)；

　　　c——工作面宽度(m)；

　　　H——地坑深度(m)；

　　　K——放坡系数。

[**例2-5**]　已知一个三类土地坑，混凝土垫层长为1.50m，宽为1.20m，深为1.85m，有工作面，求挖土方体积。

[**解**]　已知　$a = 1.50\text{m}$　$b = 1.20\text{m}$　$H = 1.85\text{m}$　$K = 0.33$　$c = 0.30\text{m}$

代入式(2-6)中得：

$V = (a + 2c + KH)(b + 2c + KH)H + \frac{1}{3}K^2H^3$

$= (1.50\text{m} + 2 \times 0.30\text{m} + 0.33 \times 1.85\text{m}) \times (1.20\text{m} + 2 \times 0.30\text{m} + 0.33 \times 1.85\text{m}) \times 1.85\text{m} +$

$\quad \frac{1}{3} \times 0.33^2 \times (1.85\text{m})^3$

$= 2.71\text{m} \times 2.41\text{m} \times 1.85\text{m} + 0.23\text{m}^3$

$= 12.31\text{m}^3$

（3）挖土方　凡平整场地厚度在30cm以上，槽底宽度在3m以上及坑底面积在20m² 以上的挖土称挖土方。挖土方的计算方法同挖沟槽、挖地坑。土石方运输中机具上坡（坡度在5%以内）降效因素，已综合考虑在相应的运输项目中，不再另行计算。

（4）机械挖土方　如在坑下挖土时，计算机械上下行驶坡道土方，按批准的施工组织设计计算，没有施工组织设计的可按土方工程量的5%计算，并入土方工程量。机械挖土中若需人工辅助开挖（包括切边、修整底边），人工挖土按批准的施工组织设计确定的厚度计算，无施工组织设计的厚度按300mm计算，套用人工挖土项目乘以系数1.5。挖掘机松散土时，套用挖土方一、二类土相应项目乘以系数0.7。机械挖桩间土时，按实际挖土体积（扣除桩所占体积），相应项目乘以系数1.5。

（5）管道沟挖土　管道沟挖土工程量计算公式为：

$$V = (a + KH)HL \qquad (2\text{-}7)$$

式中　V——管沟挖土体积(m³)；

　　　a——管沟底宽度(m)；

　　　K——放坡系数；

　　　H——管沟挖土深度(m)；

　　　L——管沟长度(m)。

管沟底宽度a应按设计规定计算；设计无规定时，按表2-4的规定计算。

（6）圆形地坑

1）圆形不放坡地坑计算公式为：

表 2-4　管沟底宽度尺寸　　　　　　　　　　（单位：m）

管径/mm	铸铁管、钢管、石棉水泥管	塑料管	混凝土管、钢筋混凝土管、预应力钢筋混凝土管	陶 土 管
50~75	0.60	0.70	0.80	0.70
100~200	0.70	0.80	0.90	0.80
250~350	0.80	0.90	1.00	0.90
400~450	1.00	1.10	1.30	1.10
500~600	1.30	1.40	1.50	1.40
700~800	1.60	1.70	1.80	—
900~1000	1.80	1.90	2.00	—
1100~1200	2.00	2.10	2.30	—
1300~1400	2.20	2.40	2.60	—

注：1. 表中尺寸已包括工作面，不得再加工作面。

　　2. 计算管沟土方工程量时，各种检查井和给水排水管接口处，因加宽而增加的土方工程量，应按相应管道沟槽全部土方工程量增加 2.5% 计算。

$$V = \pi r^2 H \qquad (2\text{-}8)$$

2）圆形放坡地坑（图 2-29）计算公式为：

$$V = \frac{1}{3}\pi H\left[r^2 + (r + KH)^2 + r(r + KH)\right] \qquad (2\text{-}9)$$

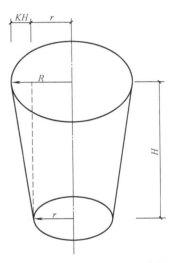

式中　r——坑底半径（含工作面，m）；

　　　H——地坑深度（m）；

　　　K——放坡系数。

[例 2-6]　已知一个三类土圆形放坡地坑，混凝土基础垫层半径为 0.40m，坑深为 1.65m，有工作面，求挖土方体积。

[解]　已知　$c = 0.30$m　$H = 1.65$m　$K = 0.33$　$r = (0.40 + 0.30)$m $= 0.70$m

代入式（2-9）中得：

$$V = \frac{1}{3} \times 3.1416 \times 1.65\text{m} \times \left[0.7\text{m}^2 + (0.70\text{m} + 0.33 \times 1.65\text{m})^2 + 0.70\text{m} \times (0.70\text{m} + 0.33 \times 1.65\text{m})\right]$$

图 2-29　圆形放坡地坑示意图

$$= 1.728\text{m} \times (0.49\text{m}^2 + 1.549\text{m}^2 + 0.871\text{m}^2)$$

$$= 1.728\text{m} \times 2.91\text{m}^2$$

$$= 5.03\text{m}^3$$

5. 回填土

回填土分夯填和松填，工程量按基槽、基坑回填土和房心回填土分别计算，均以 m^3 为单位，如图 2-30 所示。

(1) 基槽、基坑回填土 计算公式为:

$$V = 挖方体积 - 设计室外地坪以下的埋设体积 \tag{2-10}$$

式中 设计室外地坪以下的埋设体积——埋设在设计室外地坪以下的基础(砌体和混凝土基础)及垫层等的外形体积(m^3),如图2-30所示。

值得注意的是,此时的砌体体积并不是全部的砖基础体积,而是图2-30中设计室外地坪以下的砖基础部分,不包括室内外高差部分的砖基础体积。

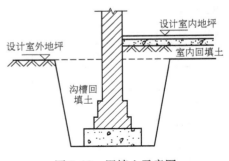

(2) 房心回填土(即室内回填土) 房心回填土按主墙间净面积乘以回填土厚度以m^3计算,套用楼地面工程相应项目。计算公式为:

$$V = 室内净面积 \times (室内外高差 - \\ 室内地面面层厚 - 室内地面垫层厚) \tag{2-11}$$

图2-30 回填土示意图

式中 室内地面面层厚、地面垫层厚——见首层地面做法。一般房间和厨卫的地面做法厚度不同,应根据施工图分开计算。

[例2-7] 在例2-4中,如已知挖土总体积是202.19m^3,垫层体积是8.21m^3,混凝土基础体积是21.79m^3,室外地坪以下埋设的砖砌基础墙的体积是18.01m^3,室内地面做法总厚度为100mm,试求基础回填土和房心回填土的体积。

[解]

1) 基础回填土体积采用式(2-10)。

$$\begin{aligned} V &= V_{挖} - V_{垫层} - V_{混凝土} - V_{基墙} \\ &= 202.19m^3 - 8.21m^3 - 21.79m^3 - 18.01m^3 \\ &= 154.18m^3 \end{aligned}$$

2) 房心回填土的计算。

室内净面积:

$$\begin{aligned} S &= (5.4m - 0.24m) \times (3.9m - 0.24m) + (4.8m - 0.24m) \times (3.9m - 0.24m) + \\ & \quad (5.4m + 4.8m - 0.24m) \times (3.6m - 0.24m) \\ &= 5.16m \times 3.66m + 4.56m \times 3.66m + 9.96m \times 3.36m \\ &= 69.04m^2 \end{aligned}$$

房心回填土:

$$\begin{aligned} V &= 69.04m^2 \times (0.45m - 0.1m) \\ &= 24.16m^3 \end{aligned}$$

(3) 管沟回填土 计算公式为:

$$V = 挖方体积 - 管长 \times 每米管道所占体积 \tag{2-12}$$

其中,管道直径在500mm以上(含500mm)需减去其体积。每米管道应减去的体积,可按表2-5的规定计算。

表 2-5 每米管道扣除土方体积 （单位:m³）

管道名称	管道直径/mm					
	500~600	601~800	801~1000	1001~1200	1201~1400	1401~1600
钢管	0.21	0.44	0.71	—	—	—
铸铁管	0.24	0.49	0.77	—	—	—
塑料管	0.22	0.46	0.74	1.15	1.25	1.45
混凝土管	0.33	0.60	0.92	1.15	1.35	1.55

6. 运土

运土包括余土外运和取土，计算公式为：

$$余土（或取土）外运体积 = 挖土总体积 - 回填土总体积 \qquad (2-13)$$

1）计算结果为正值时为余土外运体积，负值时为取土体积。土、石方运输工程量，按整个单位工程中外运和内运的土方量一并考虑。

2）土方运距，按以下规定计算：

① 推土机推土运距按挖方区重心至回填区重心之间的直线距离计算。

② 铲运机运土运距按挖方区重心至卸土区重心加转向距离 45m 计算。

③ 自卸汽车运土运距按挖方区重心至填土区（或堆放地点）重心的最短距离计算。

2.3.2 桩与地基基础工程

1. 预制钢筋混凝土桩

（1）打桩 打预制钢筋混凝土桩工程量，按设计桩长（包括桩尖）以延长米计算。如管桩的空心部分按设计要求灌注混凝土或其他填充材料时，应另行计算。预制桩、桩靴示意图如图 2-31 所示。

（2）接桩 电焊接桩按设计接头以个数计算。预制桩焊接接头如图 2-32 所示。

（3）送桩 送桩工程量按送桩长度以延长米计算（即打桩架底至桩顶面高度或自桩顶面至自然地坪面另加 0.5m）。

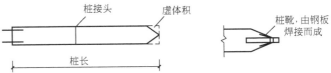

图 2-31 预制桩、桩靴示意图

当桩顶标高在地面以下，或由于桩架导杆结构、桩机平台高程等原因而无法将桩直接打至设计标高时，需要使用送桩。

2. 灌注桩

（1）钻孔灌注混凝土桩

1）钻孔按实钻孔深以 m 计算，灌注桩混凝土按设计桩长（包括桩尖,不扣除桩尖虚体积）与超灌长度之和乘以设计桩断面面积以 m³ 计算。超灌长度设计无规定的，按 0.25m 计算。

2）泥浆制作及运输按成孔体积以 m³ 计算。

3）注浆管按打桩前的自然地坪标高至设计桩底标高的长度另加 0.25m 计算。

4）注浆按设计注入水泥用量计算。

（2）人工挖孔混凝土桩

1）挖土体积按实挖深度乘以设计截面面积以 m³ 计算。

挖孔桩的底部一般是球冠体（图 2-33），计算公式为：

$$V_{球冠} = \pi h^2 \left(R - \frac{h}{3} \right) \qquad (2\text{-}14)$$

一般施工图中只标注 r 的尺寸，所以需要变换求 R 的公式。

已知 $\qquad r^2 = R^2 - (R - h)^2$

故 $\qquad\qquad\qquad r^2 = 2Rh - h^2$

所以 $\qquad\qquad R = \dfrac{r^2 + h^2}{2h}$

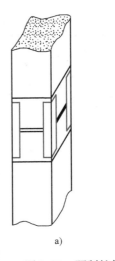
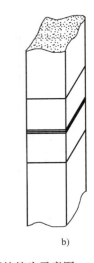

图 2-32 预制桩焊接接头示意图
a）角钢帮焊接头 b）钢板对焊接头

[例 2-8] 根据图 2-34 中有关数据和上述内容，计算该挖孔桩土方工程量。

[解] 挖土体积按实挖体积以 m³ 计算，本题只计算桩承台以下部分。

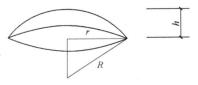

图 2-33 球冠体示意图

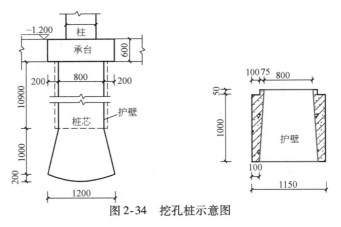

图 2-34 挖孔桩示意图

1）桩身部分。挖土体积包括混凝土护壁部分的土体积，所以桩身挖土直径按 1.150m 考虑。

$$V = \pi r^2 H$$
$$= [3.1416 \times (1.15/2)^2 \times 10.9] \, \text{m}^3$$
$$= 11.32 \, \text{m}^3$$

2）圆台部分。

$$V = \frac{1}{3}\pi H(r^2 + R^2 + rR)$$

$$= \left\{\frac{1}{3} \times 3.1416 \times 1.0 \times \left[(0.80/2)^2 + (1.20/2)^2 + (0.8/2) \times (1.20/2)\right]\right\}\text{m}^3$$

$$= [1.047 \times (0.16 + 0.36 + 0.24)]\text{m}^3$$

$$= (1.047 \times 0.76)\text{m}^3$$

$$= 0.80\text{m}^3$$

3）球冠部分。

$$R = \left\{\left[(1.20/2)^2 + 0.20^2\right]/(2 \times 0.20)\right\}\text{m}$$

$$= (0.40/0.40)\text{m}$$

$$= 1.0\text{m}$$

$$V = \pi h^2\left(R - \frac{h}{3}\right)$$

$$= [3.1416 \times 0.20^2 \times (1.0 - 0.20/3)]\text{m}^3$$

$$= 0.12\text{m}^3$$

挖孔桩土方工程量 $= (11.32 + 0.80 + 0.12)\text{m}^3 = 12.24\text{m}^3$

2）混凝土护壁按图示尺寸以 m^3 计算。

3）桩身混凝土。人工挖孔混凝土桩从桩承台以下，按设计图示尺寸以 m^3 计算。

在例2-8中把桩身部分挖土体积换成桩身直径0.80m，即为桩身部分混凝土工程量。

$$V = \pi r^2 H$$

$$= [3.1416 \times (0.80/2)^2 \times 10.9]\text{m}^3$$

$$= 5.48\text{m}^3$$

则全部桩体混凝土土方工程量 $= (5.48 + 0.80 + 0.12)\text{m}^3 = 6.4\text{m}^3$

（3）打孔（沉管）灌注桩

1）混凝土桩、砂桩、砂石桩、碎石桩的体积，按设计桩长（包括桩尖，不扣除桩尖虚体积）乘以设计规定桩断面面积以 m^3 计算。如设计无规定者时，桩径按钢管管箍外径计算。

2）打孔后先埋入预制混凝土桩尖，再灌注混凝土者，桩尖按"混凝土及钢筋混凝土"中相应项目计算。灌注桩按设计长度（自桩尖顶面至桩顶面高度）乘以钢管管箍外径截面面积以 m^3 计算。

（4）深层搅拌桩、喷粉桩、振冲碎石桩、夯扩灌注桩　深层搅拌桩、喷粉桩、振冲碎石桩、夯扩灌注桩按设计桩长乘以设计断面面积以 m^3 计算。

（5）钢护筒的工程量计算　钢护筒的工程量按护筒的设计质量计算（护筒长度按施工规范或施工组织设计计算）。设计质量为加工后的成品质量。如设计无明确规定，按表2-6的规定计算。

表2-6 每米护筒质量

桩径/cm	60	80	100	120	150
每米护筒质量/kg·m	112.29	136.94	167.00	231.39	280.10

（6）灌注桩钢筋 钢筋笼的制作按图示尺寸及施工规范并考虑搭接以 t 计算，接头数量按设计规定计算，设计图样未作规定的，φ10 以内按每 12m 一个接头；φ10 以上φ25 以内按每 10m 一个接头；φ25 以上按每 9m 一个接头，搭接长度按规范及设计规定计算。钢筋笼安装区别不同长度按相应项目计算。

（7）锯桩头 锯桩头按个计算，凿桩头按剔除截断长度乘以桩截面面积以 m³ 计算。

其他未尽事宜，参见当地预算定额。

2.3.3 砌筑工程

砌筑工程的划分，首先按照砌筑材料分为砌砖（块）和砌石两部分；然后按照工程部位分为基础、墙、柱、零星砌体和砌体构筑物等。本部分砌筑工程讲述以砌砖（块）为主。

1. 砌筑工程相关说明

1）本分部中多孔砖、空心砖、砌块是按常用规格编制的，如规格不同时，可按实际换算。标准砖规格为 240mm×115mm×53mm；粘土多孔砖为 240mm×115mm×90mm；空心砖规格有两种，分别为 240mm×115mm×115mm 和 240mm×240mm×115mm。

2）本部分中砂浆按常用等级列出，设计不同时可以换算。

3）轻骨料混凝土小型空心砌块是以浮石、火山渣、煤渣、煤矸石、陶粒等为粗骨料制作的混凝土小型空心砌块。

陶粒空心砌块、炉渣砌块、粉煤灰砌块等均按轻骨料混凝土小型空心砌块执行。砌块内填充保温板，按轻骨料混凝土填充保温板砌块项目执行。

4）零星砌体是指厕所蹲台、小便槽、污水池、水槽腿、煤箱、垃圾箱、阳台栏板、花台、花池、房上烟囱、毛石墙的门窗口立边、三皮砖以上的挑檐、腰线、锅台、炉灶等。

2. 基础工程量计算规则

（1）基础与墙身的划分

1）基础与墙身使用同一种材料时，以设计室内地坪为分界线，以下为基础，以上为墙身，如图 2-35、图 2-36 所示。

2）基础与墙身使用不同材料时，位于设计室内地坪 ±300mm 以内时，以不同材料为分界线，超过 ±300mm 时，以设计室内地坪为分界线，以下为基础，以上为墙身。

3）砖、石围墙基础以设计室外地坪为分界线，以下为基础，以上为墙身。

4）砖柱不分柱身和柱基，其工程量合并后，按砖柱项目计算。

（2）标准砖墙体厚度 标准砖墙体厚度按表 2-7 的规定计算。

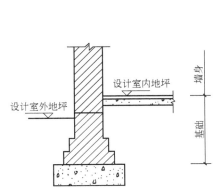
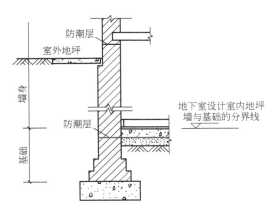

图 2-35　基础与墙身划分示意图　　　　图 2-36　地下室基础与墙身划分示意图

表 2-7　标准砖墙体计算厚度

墙　　身	$\frac{1}{4}$	$\frac{1}{2}$	$\frac{3}{4}$	1	$1\frac{1}{2}$	2	$2\frac{1}{2}$	3
计算厚度/mm	53	115	180	240	365	490	615	740

注：标准砖规格为 240mm×115mm×53mm，灰缝宽度为 10mm。无论图样上怎样标注墙体厚度，均应按本表计算，

如 $\frac{1}{2}$ 砖墙及 $1\frac{1}{2}$ 砖墙，图样上一般都标注为 120 和 370，但在计算工程量时，应按 115mm 和 365mm 计算，如图

2-37 所示。

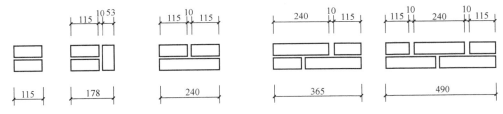

图 2-37　墙厚与标准砖规格关系示意图

（3）条形砖石基础工程量计算

1）条形砖石基础工程量以图示尺寸按 m³ 计算。

2）条形砖石基础长度取值：外墙墙基按外墙墙基中心线长度计算，内墙墙基按内墙墙基净长线长度计算。

[例 2-9]　根据图 2-38 计算内外墙长。外墙厚均为一砖半墙，轴内侧 120mm，轴外侧 250mm；内墙厚均为 240mm，轴线居中。

[解]　1）外墙墙基按外墙墙基中心线长度计算。在预算中一砖半墙厚为 365mm，如图 2-37 所示，轴内侧 120mm，外侧实为 245mm，若取中轴，每边应为 365mm/2 = 182.5mm，如图 2-38 中 c）所示。所以，一砖半墙的偏轴变成中轴，轴线移位为 182.5mm - 120mm = 62.5mm。

外墙墙基中心线长：

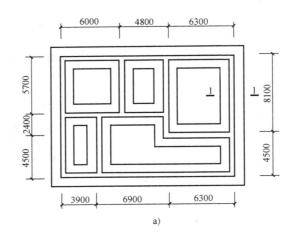

a)

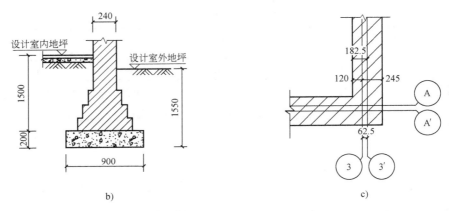

b)   c)

图 2-38 砖基础长度示意图

a) 基础平面图 b) 1—1 剖面图 c) 偏轴变中轴示意图

$$L_{\text{中}} = \left[(4.50\text{m} + 8.10\text{m} + 0.0625\text{m} \times 2) + (3.90\text{m} + 6.90\text{m} + 6.30\text{m} + 0.0625\text{m} \times 2) \right] \times 2$$
$$= (12.725\text{m} + 17.225\text{m}) \times 2$$
$$= 59.90\text{m}$$

2) 内墙墙基按内墙墙基净长线长度计算:

$$L_{\text{内}} = (5.70\text{m} - 0.24\text{m}) + (8.10\text{m} - 0.12\text{m}) + (4.50\text{m} + 2.40\text{m} - 0.24\text{m}) + (3.90\text{m} + 6.90\text{m} - 0.24\text{m}) + (6.30\text{m} - 0.12\text{m})$$
$$= 5.46\text{m} + 7.98\text{m} + 6.66\text{m} + 10.56\text{m} + 6.18\text{m}$$
$$= 36.84\text{m}$$

此处注意内墙 L 形拐角处是按中心线长度计算的。

3) 砖基础大放脚 T 形接头处的重叠部分(图 2-39),以及嵌入基础的钢筋、铁件、管道、基础防潮层及单个面积在 0.3m² 以内的孔洞、砖平碹(图 2-40)所占体积不予扣除,但靠墙暖气沟的挑檐亦不增加。附墙垛基础宽出部分体积应并入基础工程量内。

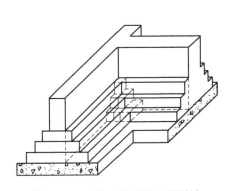

图 2-39　砖基础大放脚 T 形接头
重叠部分示意图

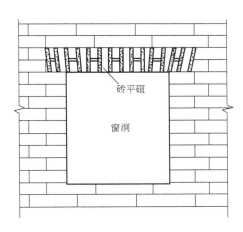

图 2-40　砖平碹示意图

4）条形基础工程量计算公式为：

$$V = \sum(LS_{断})\tag{2-15}$$

式中　V——条形基础体积（m^3）；

　　　L——砖石基础的墙长（m）；

　　　$S_{断}$——砖石基础的断面积（m^2）。

砖基础的断面积 $S_{断}$ 如图 2-41、图 2-42 所示，计算公式为：

$$S_{断} = hb + \Delta S$$

$$或\quad S_{断} = (h + \Delta h)b\tag{2-16}$$

式中　h——基础墙高（m）；

　　　b——基础墙厚（m）；

　　　ΔS——大放脚增加面积（m^2）（查表 2-8）；

　　　Δh——大放脚折加高度（m）（查表 2-8）。

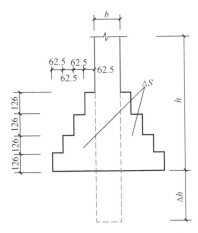

图 2-41　等高式砖基础断面图

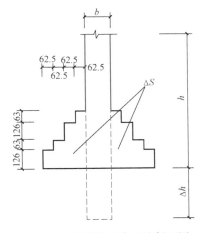

图 2-42　不等高式砖基础断面图

表 2-8 砖墙基础大放脚增加表

放脚层数 n	增加断面积 ΔS /m²		基础墙厚											
			$\frac{1}{2}$砖		$\frac{3}{4}$砖		1 砖		$1\frac{1}{2}$砖		2 砖		$2\frac{1}{2}$砖	
	等高	不等高	等高	不等高	等高	不等高	等高	不等高	等高	不等高	等高	不等高	等高	不等高
1	0.01575	0.01575	0.137	0.137	0.088	0.088	0.066	0.066	0.043	0.043	0.032	0.032	0.026	0.026
2	0.04725	0.03938	0.411	0.342	0.263	0.219	0.197	0.164	0.129	0.108	0.096	0.080	0.077	0.064
3	0.0945	0.07875			0.525	0.438	0.398	0.328	0.259	0.216	0.193	0.161	0.154	0.128
4	0.1575	0.1260			0.875	0.700	0.651	0.525	0.432	0.345	0.321	0.253	0.256	0.205
5	0.2363	0.1890			1.313	1.050	0.984	0.788	0.647	0.518	0.482	0.380	0.384	0.307
6	0.3308	0.2599			1.838	1.444	1.378	1.083	0.906	0.712	0.672	0.580	0.538	0.419
7	0.4410	0.3465			2.450	1.925	1.838	1.444	1.208	0.949	0.900	0.707	0.717	0.563
8	0.5670	0.4410			3.150	2.450	2.363	1.838	1.553	1.208	1.157	0.900	0.922	0.717
9	0.7088	0.5513			3.938	3.063	2.953	2.297	1.942	1.510	1.447	1.125	1.153	0.896
10	0.8663	0.6694			4.813	3.719	3.610	2.789	2.372	1.834	1.768	1.366	1.409	1.088

注：1. 等高式放脚：每层放脚高度为 $(53+10)\,\text{mm} \times 2 = 126\,\text{mm}$，放脚宽度为 $\frac{1}{4} \times (240+10)\,\text{mm} = 62.5\,\text{mm}$，增加断面积 $\Delta S = 0.007875n(n+1)$。

　　2. 不等高式（间隔式）放脚：每层放脚高度为 $(53+10)\,\text{mm} \times 2 = 126\,\text{mm}$ 和 $(53+10)\,\text{mm} = 63\,\text{mm}$ 相间隔，放脚宽度为 $\frac{1}{4} \times (240+10)\,\text{mm} = 62.5\,\text{mm}$，增加断面积 $\Delta S = 0.00196875\left(3n^2 + 4n + \left|\sin\frac{n\pi}{2}\right|\right)$。

　　3. 大放脚折加高度 $\Delta h = \Delta S / 墙厚$，如图 2-41、图 2-42 所示。

[例 2-10] 某工程砌筑等高式标准砖基础大放脚（图 2-41），当基础墙厚 b 为 365mm，墙高 h 为 1.40m，基础长 L 为 25.65m 时，计算砖基础工程量。

[解] $V = LS_{断} = L(hb + \Delta S)$

$\qquad = 25.65\text{m} \times (1.40\text{m} \times 0.365\text{m} + 0.1575\text{m}^2)$

$\qquad = 25.65\text{m} \times 0.6685\text{m}^2$

$\qquad = 17.15\text{m}^3$

（4）独立砖基础工程量计算　独立砖基础（砖柱基础）工程量按体积以 m³ 计算，计算公式为：

$$V = abh + \Delta V_{放} \qquad (2\text{-}17)$$

式中　V——砖柱基础体积（m³）；

　　a、b——基础柱断面长、宽（m），如图 2-43 所示；

　　h——基础柱高度，即基础垫层上表面至基础与柱的分界线的高度（m）；

　　$\Delta V_{放}$——柱基大放脚增加体积（m³）（查表 2-9、表 2-10）。

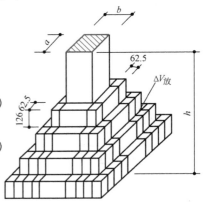

图 2-43　等高式砖柱基础示意图

表 2-9　砖柱基础大放脚体积增加（等高式）

$a+b$/m	0.48	0.605	0.73	0.855	0.98
$a \times b$/(m×m) $\Delta V_{放}$/m³　大放脚层数 n	0.24×0.24	0.24×0.365	0.365×0.365 0.24×0.49	0.365×0.49 0.24×0.615	0.49×0.49 0.365×0.615
1	0.010	0.011	0.013	0.015	0.017
2	0.033	0.038	0.045	0.050	0.056
3	0.073	0.085	0.097	0.108	0.120
4	0.135	0.154	0.174	0.194	0.213
5	0.221	0.251	0.281	0.310	0.340
6	0.337	0.379	0.421	0.462	0.503
7	0.487	0.543	0.597	0.653	0.708
8	0.674	0.745	0.816	0.887	0.957
9	0.910	0.990	1.078	1.167	1.256
10	1.173	1.282	1.390	1.498	1.607

$a+b$/m	1.105	1.23	1.355	1.48
$a \times b$/(m×m) $\Delta V_{放}$/m³　大放脚层数 n	0.49×0.615 0.365×0.74	0.365×0.865 0.615×0.615 0.49×0.74	0.615×0.74 0.49×0.865	0.74×0.74 0.615×0.865
1	0.019	0.021	0.024	0.025
2	0.062	0.068	0.074	0.080
3	0.132	0.144	0.156	0.167
4	0.233	0.253	0.272	0.292
5	0.369	0.400	0.428	0.458
6	0.545	0.586	0.627	0.669
7	0.763	0.818	0.873	0.928
8	1.028	1.095	1.170	1.241
9	1.344	1.433	1.521	1.61
10	1.715	1.823	1.931	2.04

注：等高式大放脚高为126mm，宽为62.5mm，柱基大放脚增加体积 $\Delta V_{放} = n(n+1)[0.007875(a+b)+0.000328125(2n+1)]$。式中，$n$ 为大放脚层数，a 和 b 分别为基础柱断面长和宽。

表 2-10　砖柱基础大放脚体积增加（间隔式）

$a+b$/m	0.48	0.605	0.73	0.855	0.98
$a \times b$/(m×m) $\Delta V_{放}$/m³　大放脚层数 n	0.24×0.24	0.24×0.365	0.365×0.365 0.24×0.49	0.365×0.49 0.24×0.615	0.49×0.49 0.365×0.615
1	0.010	0.011	0.013	0.015	0.017
2	0.028	0.033	0.038	0.043	0.047
3	0.061	0.071	0.081	0.091	0.101
4	0.11	0.125	0.141	0.157	0.173
5	0.179	0.203	0.227	0.25	0.274
6	0.269	0.302	0.334	0.367	0.399
7	0.387	0.43	0.473	0.517	0.56
8	0.531	0.586	0.641	0.696	0.751
9	0.708	0.776	0.845	0.914	0.983
10	0.917	1.001	1.084	1.168	1.252

（续）

$a+b/\text{m}$	1.105	1.23	1.355	1.48
$a \times b/(\text{m} \times \text{m})$	0.49×0.615	0.365×0.865	0.615×0.74	0.74×0.74
		0.615×0.615		
大放脚层数 n	0.365×0.74	0.49×0.74	0.49×0.865	0.615×0.865
1	0.019	0.021	0.023	0.025
2	0.052	0.057	0.062	0.067
3	0.106	0.112	0.13	0.14
4	0.188	0.204	0.22	0.236
5	0.297	0.321	0.345	0.368
6	0.432	0.464	0.497	0.529
7	0.599	0.647	0.69	0.733
8	0.806	0.861	0.916	0.972
9	1.052	1.121	1.19	1.259
10	1.335	1.419	1.503	1.586

注：不等高式（即间隔式）大放脚宽为 62.5mm，高为 126mm 和 63mm 相间隔，最下一层为 126mm。不等高式大放脚
增加体积 $\Delta V_{放} = 0.00196875(3n^2 + 4n) + \left| \sin \dfrac{n\pi}{2} \right| (a+b) + 0.0004921875n(n+1)^2$。式中，$n$ 为大放脚层数，a
和 b 分别为基础柱断面长和宽。

3. 墙体工程量计算规则

（1）一般规定

1）计算墙体时，应扣除门窗洞口、过人洞、空圈、嵌入墙身的钢筋混凝土柱、梁、过
梁、圈梁、板头（图 2-44）、砖过梁和暖气包壁龛所占的体积；不扣除单个面积在 0.3m^2 以内
的孔洞、梁头、梁垫、檩头、垫木、木楞头、沿椽木、木砖、门窗走头（图 2-45）、墙内的加
固钢筋、木筋、铁件、钢管等所占的体积；凸出砖墙面的窗台虎头砖（图 2-46）、压顶线、山
墙泛水（图 2-47）、烟囱根（图 2-48）、门窗套（图 2-49）、三皮砖以下腰线、挑檐（图 2-50）等
体积亦不增加。

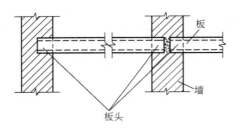

图 2-44　墙内板头示意图

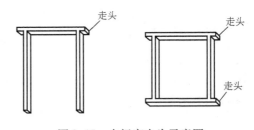

图 2-45　木门窗走头示意图

2）附墙烟囱、通风道、垃圾道，按其外形体积以 m^3 计算，并计入所依附的墙身体积
内，不扣除每一个孔洞的体积，但孔洞内的抹灰工料亦不增加。如每一个孔洞的横断面积超
过 0.15m^2 时，应扣除孔洞所占的体积，孔洞内的抹灰应另列项目计算。

附墙烟囱如带有缸瓦管、出灰门，垃圾道如带有垃圾道门、垃圾斗、通风百叶窗、铁箅
子以及钢筋混凝土盖板等，均应另列项目计算。

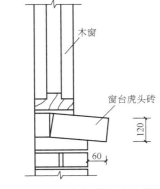

图 2-46　窗台虎头砖示意图

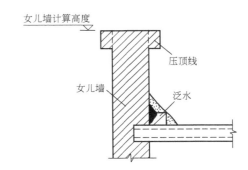

图 2-47　压顶线、山墙泛水示意图

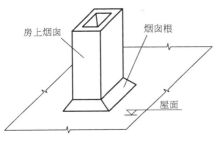

图 2-48　烟囱根示意图

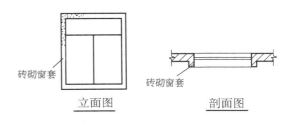

图 2-49　门窗套示意图

3）钢筋砖过梁按图示尺寸以 m³ 计算。如设计无规定时，门窗洞口宽度按两端共加 500mm 计算，高度按 440mm 计算（为了增强平拱砖过梁的承载力而在拱底加设钢筋，称为钢筋砖过梁，如图 2-51 所示）。

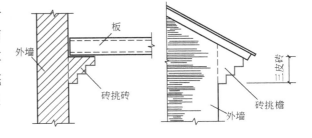

图 2-50　砖挑檐示意图

（2）墙体长度　外墙长度按外墙中心线计算，内墙长度按内墙净长线计算。

在计算墙体长度时，当两墙 L 形相交时，两墙均算至中心线（图 2-52①节点）；当两墙 T 形相交时，外墙按拉通计算，内墙按净长计算（图 2-52②节点）；当两墙十字相交时，计算方法基本同 T 形接头（图 2-52③节点）。

（3）墙身高度

1）外墙墙身高度：平屋面者算至钢筋混凝土板底（图 2-53）；斜（坡）屋面无檐口顶棚者算至屋面板底；有屋架、有檐

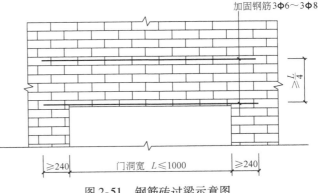

图 2-51　钢筋砖过梁示意图

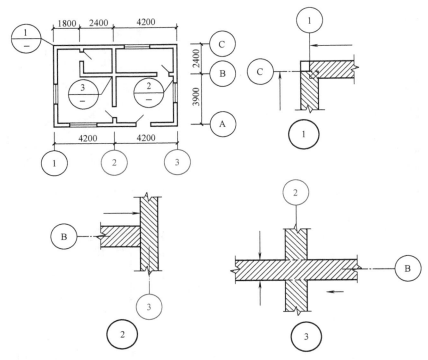

图 2-52 墙体长度示意图

口天棚者算至屋架下弦底另加 200mm（图 2-54）；无檐口顶棚者算至屋架下弦底另加 300mm（图2-55）；出檐宽度超过 600mm 时，应按实砌高度计算。女儿墙高度应自顶板面算至图 2-53 所示的高度，不同墙厚分别按相应项目计算。

2）内墙墙身高度：位于屋架下弦者算至屋架底（图 2-56）；无屋架者算至顶棚底另加 100mm（图 2-57）；有钢筋混凝土楼板隔层者算至板底（图 2-58）；有框架梁时算至梁底面（图 2-59）；如同一墙上板高不同时可按平均高度计算。

3）内外山墙墙身高度按其平均高度计算（图 2-60）。

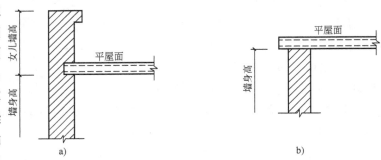

图 2-53 平屋面外墙墙身高度示意图

a）带女儿墙外墙 b）不带女儿墙外墙

（4）墙体工程量计算

1）砖墙工程量计算公式为：

$$V_{\text{墙}} = （墙长 \times 墙高 - 门窗面积）\times 墙厚 -$$
$$圈梁、过梁、柱体积 + 垛及附墙烟囱等体积 \qquad (2\text{-}18)$$

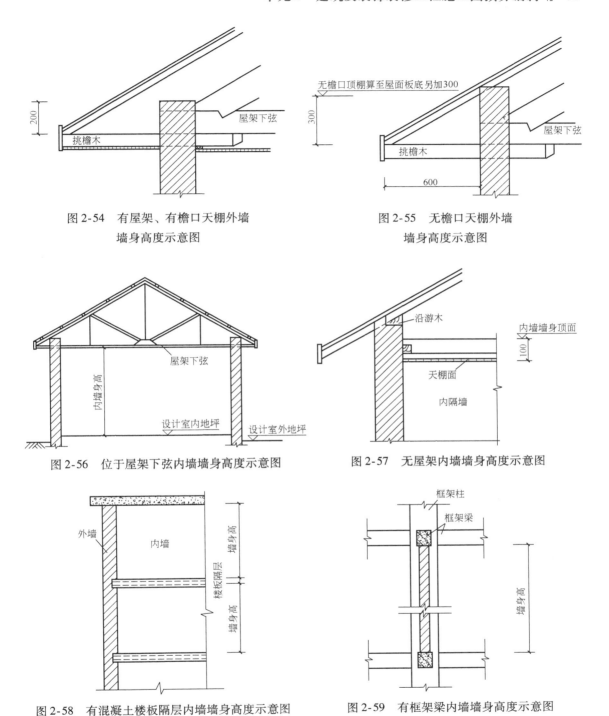

图 2-54　有屋架、有檐口天棚外墙　　　　　图 2-55　无檐口天棚外墙
墙身高度示意图　　　　　　　　　　墙身高度示意图

图 2-56　位于屋架下弦内墙墙身高度示意图　　　图 2-57　无屋架内墙墙身高度示意图

图 2-58　有混凝土楼板隔层内墙墙身高度示意图　　　图 2-59　有框架梁内墙墙身高度示意图

砖砌围墙应区分不同厚度以 m³ 计算，按相应项目计算。砖垛和砖墙压顶等并入墙身内计算。暖气沟及其他砖砌沟道不分基础和沟身，其工程量合并，按砖砌沟道计算。

砖砌地下室内、外墙身及基础的工程量合并计算，应扣除门窗洞口、面积在 0.3 m² 以上的孔洞、嵌入墙身的钢筋混凝土柱、梁、过梁、圈梁和板头等所占的体积，但不扣

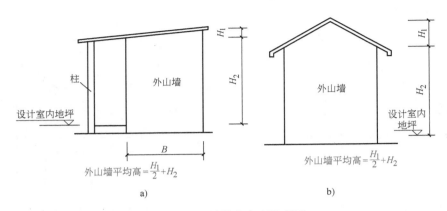

图 2-60 山墙墙身高度示意图

a）一坡水屋面山墙墙高示意图 b）二坡水屋面山墙墙高示意图

除梁头、梁垫以及砖墙内加固的钢筋、铁件等所占的体积。墙身外面防潮的贴砖应另列项目计算。

2）框架间砌墙，以框架间的净空面积乘以墙厚以 m³ 计算。框架外表面镶贴砖部分亦并入框架间砌墙的工程量内一并计算。

3）多孔砖、空心砖墙按外形体积以 m³ 计算，应扣除门窗洞口、钢筋混凝土过梁、圈梁所占的体积。

4）填充墙按外形体积以 m³ 计算，应扣除门窗洞口、钢筋混凝土过梁、圈梁所占的体积。其中，实砌部分已经包括在项目内，不再另行计算。

5）加气混凝土砌块墙、硅酸盐砌块墙、轻骨料混凝土小型空心砌块墙按图示尺寸以 m³ 计算。按设计规定需要镶嵌砖砌体部分，已包括在相应项目内，不再另行计算。

4. 明沟、散水、台阶

1）明沟、散水、台阶等项目均为综合项目，包括挖土、填土、垫层、基层、沟壁及面层等全部工序。除砖砌台阶未包括面层抹面，其面层可按设计规定套用楼地面工程相应项目外，其余项目不予换算。散水、台阶垫层为3:7(体积比)灰土垫层，如设计垫层与项目不同时可以换算。

2）台阶基层工程量按台阶水平投影面积计算。计算时，水平投影面积包括踏步及最上一层踏步外沿 300mm，如图 2-61 所示。

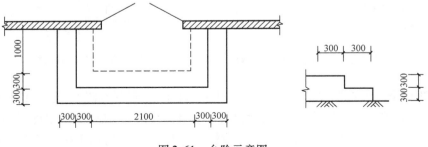

图 2-61 台阶示意图

[**例2-11**]　根据图2-62计算建筑物砖砌台阶基层工程量,已知 M_1 洞口宽1.2m, M_2 洞口宽1.0m。

[**解**]　台阶基层净面积 $= [(1.8 - 0.3 \times 2) + (1.2 + 0.3 \times 2) \times 2] m \times (0.3 \times 3) m$

$= 4.32 m^2$

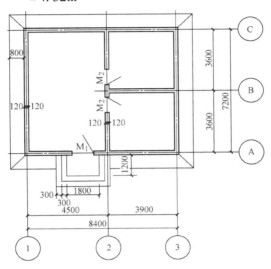

图2-62　某建筑物平面图

3) 散水工程量按设计图示尺寸以 m^2 计算,应扣除穿过散水的踏步、花台面积。工程量计算公式为:

散水面积 = (外墙外边线周长 + 散水宽 × 4) × 散水宽 − 台阶、坡道、花台所占的面积

$$(2-19)$$

[**例2-12**]　根据图2-62计算建筑物散水工程量。

[**解**]　散水面积 $= [(8.4 + 0.12 \times 2) \times 2 + (7.2 + 0.12 \times 2) \times 2 + 0.8 \times 4] m \times 0.8 m - (1.8 + 0.3 \times 4) m \times 0.8 m = 25.89 m^2$

4) 明沟工程量按设计图示尺寸以延长米计算,净空断面面积在 $0.2 m^2$ 以上的沟道,应分别按相应项目计算,如图2-63所示。沟算子工程量按设计图示尺寸以延长米计算。成品

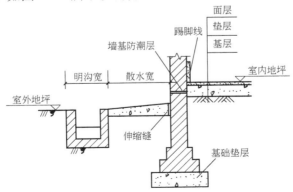

图2-63　明沟示意图

算子宽度不同时人工不作调整；钢筋算子设计与项目含量不同时，可按钢材用量调整项目含量。

5. 其他工程量计算

1) 零星砌体（图 2-64、图 2-65、图2-66）按实砌体积以 m^3 计算。

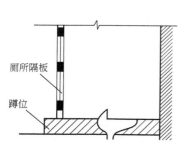

图 2-64　砖砌蹲位示意图

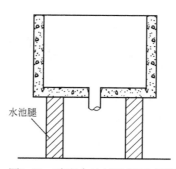

图2-65　砖砌水池（槽）腿示意图

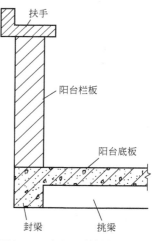

图2-66　砖砌阳台栏板示意图

2) 砖砌井、池壁不分壁厚按不同深度以 m^3 计算，洞口上的砖平、拱碹等并入砌体体积内计算。

3) 空心砌块结构上铺钢丝网抹水泥砂浆工程量按实抹面积计算。

6. 砖烟囱工程量计算

1) 砖基础与砖筒身的划分：设计室外地坪以下为基础，以上为筒身。

2) 烟囱筒身，不论圆形、方形均按实砌体积以 m^3 计算，应扣除孔洞、钢筋混凝土圈梁、过梁等所占的体积（图 2-67）。

其计算方法是按设计图示筒壁平均中心线周长乘以厚度，再乘以筒身高度，其筒壁周长不同时可按下式分段计算：

$$V = \sum (H \times C \times \pi D) \tag{2-20}$$

式中　V——筒身体积（m^3）；

　　　H——每段筒身垂直高度（m）；

　　　C——每段筒壁厚度（m）；

　　　D——每段筒壁中心线的平均直径（m）。

[**例2-13**]　根据图 2-67 中的有关数据和上述公式计算砖烟囱和圈梁工程量。

[**解**]　1) 砖砌烟囱工程量。

① 上段　$D = (1.40\text{m} + 1.60\text{m} + 0.365\text{m}) \times \dfrac{1}{2}$

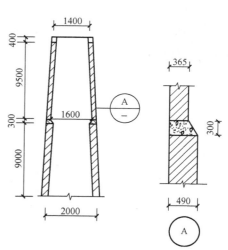

图 2-67　有圈梁砖烟囱示意图

$$= 1.68m$$

$$V_{上} = 9.50m \times 0.365m \times 3.1416 \times 1.68m$$

$$= 18.30m^3$$

② 下段 $D = (2.0m + 1.60m + 0.365m \times 2 - 0.49m) \times \dfrac{1}{2}$

$$= 1.92m$$

$$V_{下} = 9.0m \times 0.49m \times 3.1416 \times 1.92m$$

$$= 26.60m^3$$

小计：$V = (18.30 + 26.60)m^3 = 44.90m^3$

2）混凝土圈梁工程量。

① 上部 $V_{上} = 1.40m \times 3.1416 \times 0.40m \times 0.365m = 0.64m^3$

② 中部   圈梁中心直径 $= 1.60m + 0.365m \times 2 - 0.49m$

$$= 1.84m$$

圈梁断面积 $= (0.365m + 0.49m) \times \dfrac{1}{2} \times 0.30m$

$$= 0.128m^2$$

$$V_{中} = 1.84m \times 3.1416 \times 0.128m^2$$

$$= 0.74m^3$$

小计：$V = (0.64 + 0.74)m^3 = 1.38m^3$

3）砖烟囱砌体内采用钢筋加固者，根据设计规定质量，按砌体内钢筋加固项目计算。

4）烟囱筒身原浆勾缝和烟囱帽抹灰已包括在项目内不再另行计算，如设计规定加浆勾缝时按"柱、墙面工程"相应项目计算，原浆勾缝的工料不予扣除。

5）烟道、烟囱内衬按不同内衬材料并扣除孔洞后，以图示实体积计算（图 2-68）。

6）为了内衬的稳定及防止隔热材料下沉，内衬伸入筒身的连接横砖，已包括在内衬项目中，不再另行计算。

7）为防止内衬及混凝土筒身渗入酸性凝液，在内衬上抹水泥排水坡，其工料已包括在项目内，不再另行计算。

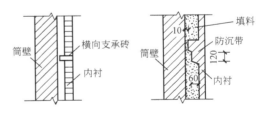

图 2-68   烟囱内衬、连接横砖、填料、防沉带示意图

8）烟道砌砖：烟道与炉体的划分以第一道闸门为界，炉体内的烟道部分（图 2-69）列入炉体工程量内计算。

9）砖烟囱及其砖内衬加工楔形砖，已包括在项目内，不再另行计算。

10）烟囱的铁梯、围杆及紧箍圈的制作、安装及刷油等项目，按有关的章节相应项目计算。

7. 砖砌水塔工程量计算

1）水塔基础与塔身划分：以砖砌体的扩大部分顶面为界，以上为塔身，以下为基础，分别按相应项目计算，其构造如图2-15所示。

2）塔身以图示实砌体积以 m³ 计算，应扣除门窗洞口和混凝土构件所占的体积，砖平、拱碹及砖出檐等并入塔身体积内计算。

3）水塔砌体内加固钢筋，钢梯、围栏、铁件的制作、安装及刷油等项目，按有关相应项目计算。

4）砖水箱（槽）内外壁，不分壁厚，均按设计图示实砌体积以 m³ 计算。

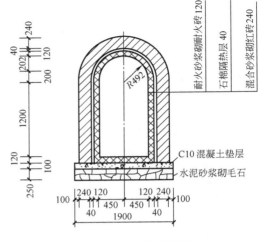

图 2-69　烟道剖面图

2.3.4　混凝土及钢筋混凝土工程

本分部包括混凝土部分及钢筋部分。混凝土构件按材料分为毛石混凝土构件、无筋混凝土构件和钢筋混凝土构件。其中，钢筋混凝土构件应用最广，是建筑物的主要承重构件，它按施工方法不同分为现浇构件和预制构件。以下分别对混凝土工程和钢筋工程的工程量计算进行介绍。

1. 混凝土工程工程量计算有关规定

1）混凝土及钢筋混凝土项目除另有规定外，均按图示尺寸以构件的实体积计算，不扣除钢筋混凝土构件中的钢筋、预埋铁件、螺栓等所占的体积。用型钢代替钢筋骨架时，按设计图纸用量每吨扣减 0.1m³ 的混凝土体积。

2）现浇混凝土及钢筋混凝土墙、板等构件，均不扣除孔洞面积在 0.3m² 以内的混凝土体积，其预留孔工料亦不增加。面积在 0.3m² 以上的孔洞，应扣除孔洞所占的混凝土体积。

3）现浇框架、框剪、剪力墙结构中，混凝土条带厚度在 100mm 以内按压顶相应项目套用，厚度在 100mm 以上按圈梁相应项目套用。

2. 现浇混凝土构件

（1）基础

1）条形基础。

① 不分有梁式和无梁式，分别按毛石混凝土、混凝土、钢筋混凝土基础计算。

② 条形基础亦称带形基础，其混凝土工程量按体积以 m³ 计算，计算公式为：

$$V_外 = S_外 \times L_{外中} \tag{2-21}$$

$$V_内 = S_内 \times L_{内净} \tag{2-22}$$

式中　$V_外$、$V_内$——外墙、内墙条形基础的体积（m³）；

　　　$L_{外中}$——外墙条形基础的中心线长（m）；

　　　$L_{内净}$——内墙条形基础的净长线长（m）；

$S_外$、$S_内$——外墙、内墙条形基础的断面积(m^2)。

③ 有梁式条形基础计算。有梁式条形基础是指条形基础中含有梁,其混凝土工程量按梁高 h(指基础扩大顶面至梁顶面的高)分两种情况计算。如梁高在 1.2m 以内时,梁与基础体积合并计算,执行基础项目;如梁高超过 1.2m 时,其基础底板按条形基础项目计算,扩大顶面以上部分按混凝土墙项目计算,如图 2-70 所示。

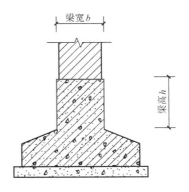

图 2-70　有梁式条形基础示意图

[**例 2-14**]　计算如图 2-27 所示现浇钢筋混凝土条形基础混凝土工程量。

[**解**]　1)外墙、内墙条形基础体积计算。

外墙条形基础体积 $V_外 = S_外 \times L_{外中}$

由图 2-27 可知:外墙条形基础剖面为 1—1 剖面和 3—3 剖面。

内墙条形基础体积 $V_内 = S_内 \times L_{内净}$

由图 2-27 可知:内墙条形基础剖面为 2—2 剖面和 4—4 剖面。

2)各剖面条形基础长度计算。

1-1 剖面和 3-3 剖面条形基础长度计算见例 2-5。

2-2 剖面:$L = (5.4 + 4.8 - 0.635 \times 2)m = 8.93m$

4-4 剖面:$L = (3.9 - 0.735 - 0.9)m = 2.265m$

3)各剖面条形基础混凝土体积计算见表 2-11。

表 2-11　条形基础混凝土体积

参数 剖面	L/m	S/m^2	V/m^3
1-1	20.65	$0.2 \times 1.6 + (0.365 + 0.05 \times 2 + 1.6) \times 0.15/2 = 0.475$	$20.65 \times 0.475 = 9.81$
2-2	8.93	$0.2 \times 1.8 + (0.24 + 0.05 \times 2 + 1.8) \times 0.15/2 = 0.52$	$8.93 \times 0.52 = 4.64$
3-3	15.25	$0.2 \times 1.4 + (0.365 + 0.05 \times 2 + 1.4) \times 0.15/2 = 0.42$	$15.25 \times 0.42 = 6.41$
4-4	2.265	$0.2 \times 1.2 + (0.24 + 0.05 \times 2 + 1.2) \times 0.15/2 = 0.356$	$2.265 \times 0.356 = 0.81$

4)T 形接头计算。T 形接头处需增加体积为楔形体体积,楔形体体积计算公式为

$$V = \frac{1}{6}Lh(B_2 + 2B_1)^{\ominus}$$

①轴、③轴与⑧轴交接处:

1 个 T 形接头增加体积　$V = \frac{1}{6}Lh(B_2 + 2B_1)$

⊖ 式中各部分意义如右图所示。

$$= \frac{1}{6}(0.635 - 0.17)\text{m} \times 0.15\text{m} \times (1.8 + 2 \times 0.34)\text{m} = 0.029\text{m}^3$$

②轴与Ⓑ轴交接处：

1个T形接头增加体积 $V = \frac{1}{6}Lh(B_2 + 2B_1)$

$$= \frac{1}{6}(0.9 - 0.17)\text{m} \times 0.15\text{m} \times (1.2 + 2 \times 0.34)\text{m} = 0.034\text{m}^3$$

②轴与Ⓐ轴交接处：

1个T形接头增加体积 $V = \frac{1}{6}Lh(B_2 + 2B_1)$

$$= \frac{1}{6}(0.735 - 0.17)\text{m} \times 0.15\text{m} \times (1.2 + 2 \times 0.34)\text{m} = 0.027\text{m}^3$$

T形接头体积合计：$V = (0.029 \times 2 + 0.034 + 0.027)\text{m}^3 = 0.12\text{m}^3$

5）条形基础总体积：$V = (9.81 + 4.64 + 6.41 + 0.81 + 0.12)\text{m}^3 = 21.79\text{m}^3$

2）独立基础。钢筋混凝土柱下独立基础常见形状有四棱锥台形基础（图2-71）、台阶形基础（图2-72）等。

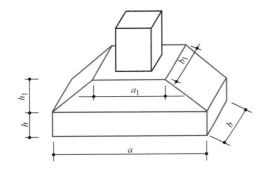

图2-71 四棱锥台形基础示意图

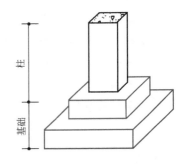

图2-72 台阶形基础示意图

① 现浇柱下独立基础混凝土工程量按设计图示尺寸以实体积计算，单位为m^3，基础高度从垫层上表面算至柱基上表面。

② 现浇台阶形独立柱基与柱身的划分：台阶高度（h）为相邻下一个高度（h_1）2倍以内者为柱基，套用基础项目；2倍以上者为柱身，套用相应柱的项目，如图2-73所示。

③ 四棱锥台形基础体积计算公式为：

$$V = abh + \frac{1}{6}h_1\left[ab + (a + a_1)(b + b_1) + a_1b_1\right] \quad (2\text{-}23)$$

式中字母代表尺寸如图2-71所示。

[**例2-15**] 计算如图2-74所示现浇钢筋混凝土独立柱基混凝土工程量。

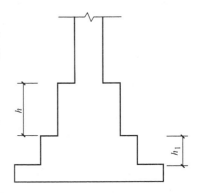

图2-73 台阶形独立柱基与
柱身划分示意图

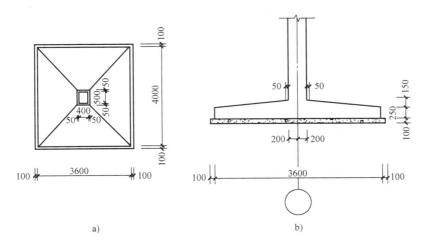

图 2-74　独立柱基示意图

a）柱基平面图　b）柱基剖面图

[**解**]　$V = abh + \frac{1}{6}h_1[ab + (a + a_1)(b + b_1) + a_1 b_1]$

$= 3.6\text{m} \times 4\text{m} \times 0.25\text{m} + \frac{1}{6} \times 0.15\text{m} \times [3.6\text{m} \times 4\text{m} + (3.6 + 0.50)\text{m} \times$

$(4 + 0.60)\text{m} + 0.50\text{m} \times 0.60\text{m}]$

$= 4.44\text{m}^3$

3）杯形基础。

① 杯形基础混凝土工程量按设计图示尺寸以实体积计算，如图 2-75 所示，计算公式为：

$$V = V_1 + V_2 + V_3 - V_4 \tag{2-24}$$

式中　V_1、V_3——底部、上部立方体体积（m^3）；

　　　V_2——中间棱台体体积（m^3）；

　　　V_4——杯口空心部分棱台体体积（m^3）。

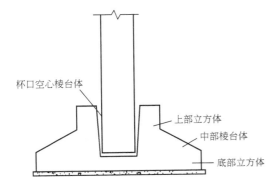

图 2-75　杯形基础示意图

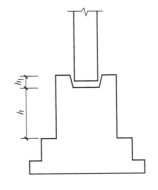

图 2-76　杯形基础与柱的划分示意图

② 杯形基础与柱的划分：杯形基础连接预制柱的杯口底面至基础扩大顶面的高度(h)在0.5m以内的按杯形基础项目计算，在0.5m以外的部分按现浇柱项目计算；其余部分套用杯形基础项目，如图2-76所示。

4）满堂基础。满堂基础是指由整块的钢筋混凝土支撑整个建筑，一般可分为片筏基础和箱形基础。

① 满堂基础不分有梁式和无梁式，均按满堂基础项目计算。满堂基础有扩大或角锥形柱墩时，应并入满堂基础内计算。

② 片筏基础按构造不同可分为平板式和梁板式两类，如图2-77、图2-78所示，其混凝土工程量按图示尺寸以 m^3 计算，梁板式为梁、板体积之和。

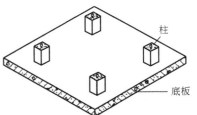

③ 箱形基础一般由顶板、底板及若干纵横隔墙组成，如图2-79所示，其混凝土工程量应分别按满堂基础、柱、墙、梁、板的有关规定计算，套相应定额项目。

图 2-77 平板式满堂基础示意图

④ 满堂基础梁高超过1.2m时，底板按满堂基础项目计算，梁按混凝土墙项目计算。

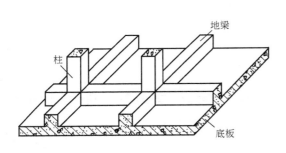

图 2-78 梁板式满堂基础示意图

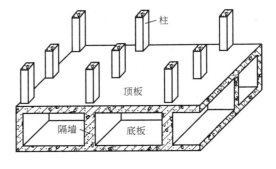

图 2-79 箱形基础示意图

（2）柱

1）柱混凝土工程量按图示断面尺寸乘以柱高以实体积计算，单位为 m^3，计算公式为：

$$柱体积 = 柱高 \times 柱截面面积 \tag{2-25}$$

2）柱高执行下列规定：

① 有梁楼板柱高，应按自柱基上表面或楼板上表面至柱顶上表面的高度计算，如图2-80所示。

② 无梁楼板柱高，应按自柱基上表面或楼板上表面至柱头(帽)下表面的高度计算，如图2-81所示。依附于柱上的牛腿应并入柱身体积内计算。

3）构造柱按设计图示尺寸以实体积计算，包括与砖墙咬接部分体积(图2-82a)，其高度应自柱基上表面至柱顶面(图2-82b)。

4）现浇女儿墙柱，执行构造柱项目。

5）圆形及正多边形柱按图示尺寸以实体积计算。

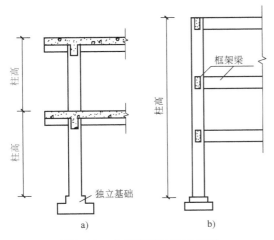

图 2-80　有梁楼板柱高示意图

a）分层柱高示意图　b）柱全高示意图

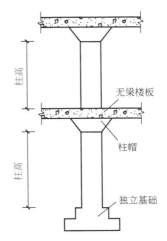

图 2-81　无梁楼板柱高示意图

6）空心砌块内的混凝土芯柱工程量，按实灌体积计算，套用构造柱项目。

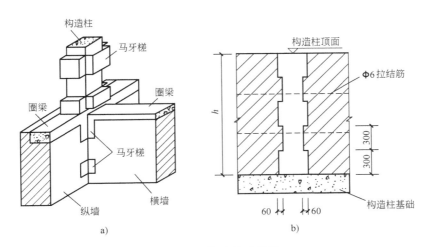

图 2-82　构造柱示意图

a）构造柱与砖墙咬接部分体积示意图　b）构造柱柱高示意图

[例2-16]　计算如图 2-83 所示的现浇钢筋混凝土构造柱工程量，砖墙厚240mm，柱高9m。

[解]　1）90°转角处。

$$V = 9\mathrm{m} \times (0.24 \times 0.24 + 0.24 \times 0.03 \times 2)\mathrm{m}^2$$
$$= 0.648\mathrm{m}^3$$

2）T形接头处。

$$V = 9\mathrm{m} \times (0.24 \times 0.24 + 0.24 \times 0.03 \times 3)\mathrm{m}^2$$
$$= 0.713\mathrm{m}^3$$

考虑马牙槎的施工方法，在计算马牙槎时取马牙槎尺寸 0.06m 的 1/2，即 0.03m。

（3）梁

1）梁混凝土工程量按图示断面尺寸乘以梁长以 m³ 计算，计算公式为：

$$梁体积 = 梁长 \times 梁断面面积 \quad (2\text{-}26)$$

2）梁长执行下列规定：

① 主梁与柱交接时，主梁长度算至柱侧面，如图 2-84a 所示。

② 次梁与主梁交接时，次梁长度算至主梁侧面，如图 2-84b 所示。

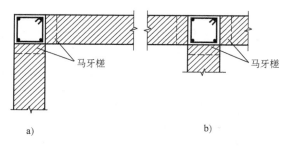

图 2-83　构造柱断面形式示意图

a）90°转角　b）T 形接头

3）伸入墙内的梁头或梁垫体积并入梁体积内计算。

4）圈梁通过门窗洞口时，可按门窗洞口宽度两端共加 500mm 计算，并按过梁项目计算，其他按圈梁计算。

5）砌体墙根部素混凝土带套用圈梁项目。

6）叠合梁是指预制梁上部预留一定高度，待安装后再浇灌的混凝土梁，其工程量按二次浇灌部分的实体积计算。

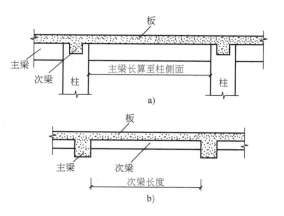

图 2-84　梁长示意图

a）主梁长度示意图　b）次梁长度示意图

（4）板　现浇板混凝土工程量按图示板面积乘以板厚以 m³ 计算，其混凝土工程量计算规则如下：

1）凡带有梁（包括主、次梁）的楼板，梁和板的工程量分别计算，板算至梁的侧面，梁、板分别套用相应项目。

2）无梁板是指不带梁直接由柱支撑的板。无梁板体积按板与柱头（帽）的体积之和计算，如图 2-81 所示。

3）钢筋混凝土板伸入墙砌体内的板头应并入板体积内计算。

4）钢筋混凝土板与钢筋混凝土墙交接时，板的工程量算至墙内侧，板中预留孔洞面积在 0.3m² 以内者不扣除。

5）叠合板是指在预制板上二次浇灌钢筋混凝土结构层面层，按平板项目执行。

6）现浇空心板楼板执行现浇混凝土平板项目，扣除空心体积、人工乘以系数 1.1。管芯分不同直径按长度计算。

（5）墙　现浇墙体混凝土工程量按图示墙体长度乘以墙高及厚度以 m³ 计算。计算时，应扣除门窗洞口及面积在 0.3m² 以上的孔洞所占的体积。

（6）整体楼梯　现浇钢筋混凝土楼梯分为板式楼梯和梁式楼梯，其混凝土工程量计算规则如下：

1) 整体楼梯（包括板式、单梁式或双梁式）、整体螺旋楼梯、柱式螺旋楼梯，按设计图示的实体积计算，其中包括：休息平台、平台梁、斜梁、楼梯板、踏步、楼梯梁，如图2-85所示。

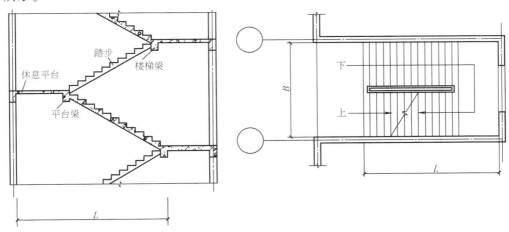

图 2-85　现浇钢筋混凝土整体楼梯示意图

2) 楼梯与楼板的划分以楼梯梁的外边缘为界，该楼梯梁包括在整体楼梯内。

3) 伸入墙内部分体积并入楼梯体积内。

4) 楼梯基础、室外楼梯的柱及与地坪相连的混凝土踏步等，应另列项目计算。

5) 柱式螺旋楼梯扣除中心混凝土柱所占体积。中间柱的工程量另按相应柱的项目计算，其人工及机械乘以系数 1.50。

（7）悬挑板　悬挑板包括直形阳台、雨篷及弧形阳台、雨篷等，如图2-86、图2-87所示。

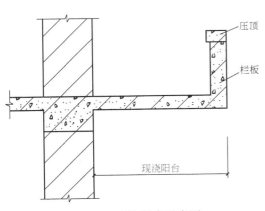

图 2-86　现浇阳台示意图

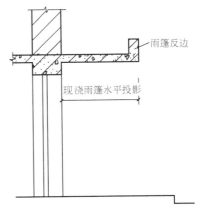

图 2-87　现浇雨篷示意图

其混凝土工程量按图示尺寸以实体积计算，单位为 m^3，计算规则如下：

1) 阳台、雨篷如伸出墙外超过 1.50m 时，梁、板分别计算，套用相应项目。

2) 伸入墙内部分的梁及通过门窗洞口的过梁工程量应合并，执行过梁项目。

3）阳台、雨篷四周外边沿的弯起，如其高度（指板上表面至弯起顶面）超过6cm时，按全高计算套用栏板项目。

4）凹进墙内的阳台按现浇平板计算。

5）水平遮阳板按雨篷项目计算。

（8）挑檐天沟　外墙外边缘以外或梁外边线以外的部分称为挑檐天沟，如图2-88所示。

1）其混凝土工程量按图示尺寸以实体积计算，单位为m³。

2）挑檐天沟壁高度在40cm以内时，套用挑檐项目；挑檐天沟壁高度超过40cm时，按全高计算，套用栏板项目。

3）混凝土飘窗板、空调板执行挑檐项目，如单体体积小于0.05m³执行零星构件项目。

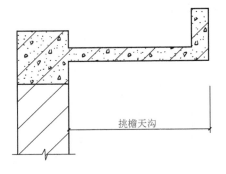

图2-88　现浇挑檐天沟示意图

（9）栏板　其混凝土工程量按图示尺寸以实体积计算，单位为m³，如图2-86所示。本项目适用于阳台、楼梯等栏板。

[**例2-17**]　计算如图2-89所示的现浇钢筋混凝土悬挑构件的混凝土工程量，雨篷总长为3.3m。

[**解**]　现浇雨篷板平均厚度为：

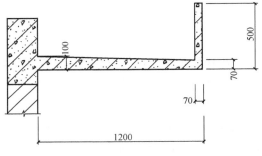

$$h = \frac{1}{2}(0.1 + 0.07)\text{m} = 0.085\text{m}$$

图2-89　现浇雨篷示意图

现浇雨篷板混凝土工程量为：

$$V = (1.2 - 0.07)\text{m} \times (3.3 - 0.07 \times 2)\text{m} \times 0.085\text{m}$$
$$= 0.30\text{m}^3$$

现浇栏板混凝土工程量为：

$$V = 0.5\text{m} \times 0.07\text{m} \times [3.3 + (1.2 - 0.07) \times 2]\text{m} = 0.19\text{m}^3$$

（10）零星构件　其混凝土工程量按设计图示尺寸以实体积计算，单位为m³。本项目适用于现浇混凝土扶手、柱式栏杆及其他未列项目且单体体积在0.05m³以内的小型构件。

（11）台阶、坡道、散水、明沟

1）说明：台阶、坡道、散水、明沟均为综合项目，包括挖土、填土、垫层、基层、沟壁及面层等全部工序，其模板套用"模板工程"相应项目。除混凝土台阶未包括面层抹面，其面层可按设计规定套用相应项目外，其余项目不予换算。散水、台阶设计垫层如与项目规定不同时，可以换算。

2）工程量计算规则

① 台阶基层工程量按台阶水平投影面积计算。计算时，水平投影面积包括踏步及最上一层踏步外沿300mm，如图2-61所示。

② 散水按设计图示尺寸的水平投影面积计算，应扣除穿过散水的踏步、花台面积。

③ 防滑坡道按设计图示尺寸以斜面积计算。坡道与台阶相连处，以台阶外围面积为界。与建筑物外门厅地面相连的混凝土斜坡道及块料面层按相应项目人工乘以系数 1.1 计算。

④ 明沟按设计图示尺寸以延长米计算，净空断面面积在 0.2m² 以上的沟道，应分别按相应项目计算，如图 2-63 所示。

3. 预制混凝土构件

1）预制混凝土构件除另有规定外，均按设计图示尺寸以实体积（即安装工程量）另加相应安装项目中规定的损耗量计算，不扣除构件内钢筋、铁件所占的体积。

2）预制混凝土构件根据实际情况，可考虑计算制作、运输、安装三种工程量。预制构件安装工程量为构件实体积，即按图示尺寸计算的用量。

$$预制构件制作工程量 = 安装工程量 + 安装损耗量$$
$$= 安装工程量 × (1 + 安装损耗率) \qquad (2-27)$$

式中　安装损耗率——按安装项目中各构件规定的损耗执行。

4. 钢筋工程

（1）钢筋工程工程量计算有关规定

1）钢筋应区别现浇构件钢筋、预制构件钢筋、预应力钢筋。

2）钢筋工程量按设计图示尺寸并考虑搭接量、措施筋和预留量计算。

3）钢筋计算区别不同品种和规格，分别按设计长度乘以单位质量，以 t 计算。

（2）钢筋长度计算

1）直钢筋长度计算。

两端无弯钩的直钢筋：

$$长度 = 构件长 - 两端混凝土保护层厚度 \qquad (2-28)$$

两端有弯钩的直钢筋：

$$长度 = 构件长 - 两端混凝土保护层厚度 + 两端弯钩增加长度 \qquad (2-29)$$

① 混凝土保护层厚度：图样有规定时，按图样规定执行；图样无规定时，钢筋保护层厚度（最外层钢筋外边缘至混凝土表面的距离）应符合表 2-12 的规定。

表 2-12　混凝土保护层最小厚度　　　　　　　　（单位：mm）

环境类别	板、墙	梁、柱
一	15	20
二 a	20	25
二 b	25	35
三 a	30	40
三 b	40	50

注：1. 表中数据适用于设计使用年限为 50 年的混凝土结构。

　　2. 构件中受力钢筋的保护层厚度不应小于钢筋的公称直径。

　　3. 设计使用年限为 100 年的结构，一类环境中，最外层钢筋的保护层厚度不应小于表中数值的 1.4 倍；二、三类环境中，应采取专门的有效措施。

4. 混凝土强度等级不大于 C25 时，表中保护层厚度数值应增加 5。

5. 基础底面钢筋的混凝土保护层厚度，有混凝土垫层时应从垫层顶面算起，且不应小于 40mm。

6. 混凝土结构的环境类别划分见表 2-13。

② 弯钩增加长度：HPB300 级钢筋末端可做三种弯钩形式，即 180°半圆弯钩，135°斜弯钩和 90°直弯钩，如图 2-90 所示。

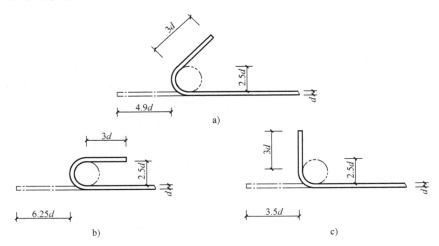

图 2-90　钢筋弯钩示意图

a）180°弯钩示意图　b）135°弯钩示意图　c）90°弯钩示意图

计算时，每个弯钩增加长度按设计规定执行，如设计无规定时，计算为：180°半圆弯钩：增加长度为 6.25d；135°斜弯钩：增加长度为 4.9d；90°直弯钩：增加长度为 3.5d，其中 d 为钢筋直径。

表 2-13　混凝土结构的环境类别

环 境 类 别	条　　件
一	室内干燥环境；无侵蚀性静水浸没环境
二 a	室内潮湿环境；非严寒和非寒冷地区的露天环境；非严寒和非寒冷地区与无侵蚀性的水或土壤直接接触的环境；严寒和寒冷地区的冰冻线以下与无侵蚀性的水或土壤直接接触的环境
二 b	干湿交替环境；水位频繁变动环境；严寒和寒冷地区的露天环境；严寒和寒冷地区冰冻线以上与无侵蚀性的水或土壤直接接触的环境
三 a	严寒和寒冷地区冬季水位变动区环境；受除冰盐影响环境；海风环境
三 b	盐渍土环境；受除冰盐作用环境；海岸环境
四	海水环境
五	受人为或自然的侵蚀性物质影响的环境

2) 弯起钢筋长度计算。

弯起钢筋长度 = 构件长 − 两端混凝土保护层厚度 + 两端弯钩增加长度 +
弯起钢筋增加值(ΔL)

或　　　　　　　　弯起钢筋长度 = 钢筋直段长 + 斜段长 + 两端弯钩增加长度　　　（2-30）

弯起钢筋弯起角度 α（图 2-91）一般有三种：30°、45°、60°，其斜长计算时有关数值见表 2-14。

表 2-14　弯起钢筋斜长系数

弯起角度 α	30°	45°	60°
斜边长度 s	$2h_0$	$1.414h_0$	$1.154h_0$
底边长度 l	$1.732h_0$	h_0	$0.577h_0$
增加长度 $s-l$	$0.268h_0$	$0.414h_0$	$0.577h_0$

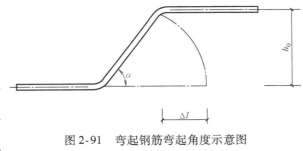

图 2-91　弯起钢筋弯起角度示意图

3）箍筋长度计算。

箍筋单根长度 = 构件断面周长 - 8 × 混凝土保护层厚度 + 弯钩增加值　　　（2-31）

箍筋根数 = [（构件长度 - 两端混凝土保护层厚度）/箍筋间距] + 1　　　（2-32）

构件中箍筋总长 = 箍筋单根长度 × 箍筋根数　　　（2-33）

箍筋末端应按设计要求作弯钩，对一般结构弯折角度大于等于 90°，对有抗震要求的结构应为 135°。弯折时，弯钩平直部分长度（图 2-90）应按设计规范执行，对一般结构平直部分长度大于等于 $5d$，对有抗震要求的结构平直部分长度大于等于 $10d$。弯折时，钢筋弯曲直径应大于受力钢筋直径，且不小于箍筋直径的 2.5 倍。

按上述规范要求计算，对于一般结构，箍筋每个弯钩增加长度不应小于 $13.8d$；对于有抗震要求的结构，箍筋两个弯钩增加长度不应小于 $23.8d$。

（3）钢筋接头计算　钢筋的连接可分为绑扎搭接、机械连接或焊接。区分不同连接方式，需分别计算钢筋接头工程量。

1）钢筋接头规定　设计图样已规定的按设计图样计算；设计图样未作规定的，焊接或绑扎的混凝土水平通长钢筋搭接，直径 10mm 以内者，按每 12m 一个接头；直径 10mm 以上至 25mm 以内者按每 10m 一个接头；直径 25mm 以上者，按每 9m 一个接头，搭接长度按规范及设计规定计算。焊接或绑扎的混凝土竖向通长钢筋（指墙、柱的竖向钢筋）也按以上规定计算，但层高小于规定接头间距的竖向钢筋接头，按每自然层一个计算。

2）钢筋是按绑扎和焊接综合考虑编制的，实际施工不同时，仍按项目规定计算；若设计规定钢筋采用气压力焊、电渣压力焊、冷挤压钢筋、锥螺纹钢筋接头、直螺纹钢筋接头者按设计规定套用相应项目，同时不再计算钢筋的搭接量。

（4）钢筋锚固长度及搭接长度的计算

1）不同构件端部应计算钢筋锚固长度，设计图样有规定的按设计规定计算；设计图样未规定的按规范规定或经批准的施工组织设计计算。

① 受拉钢筋的基本锚固长度 l_{ab}、l_{abE} 的确定。一般结构中，受拉钢筋的基本锚固长度可按表 2-15 执行。

表 2-15　受拉钢筋基本锚固长度 l_{ab}、l_{abE}　　　　　　　　　（单位：mm）

钢筋种类	抗震等级	混凝土强度等级								
		C20	C25	C30	C35	C40	C45	C50	C55	≥C60
HPB300	一、二级（l_{abE}）	$45d$	$39d$	$35d$	$32d$	$29d$	$28d$	$26d$	$25d$	$24d$
	三级（l_{abE}）	$41d$	$36d$	$32d$	$29d$	$26d$	$25d$	$24d$	$23d$	$22d$
	四级（l_{abE}）非抗震（l_{ab}）	$39d$	$34d$	$30d$	$28d$	$25d$	$24d$	$23d$	$22d$	$21d$
HRB335 HRBF335	一、二级（l_{abE}）	$44d$	$38d$	$33d$	$31d$	$29d$	$26d$	$25d$	$24d$	$24d$
	三级（l_{abE}）	$40d$	$35d$	$31d$	$28d$	$26d$	$24d$	$23d$	$22d$	$22d$
	四级（l_{abE}）非抗震（l_{ab}）	$38d$	$33d$	$29d$	$27d$	$25d$	$23d$	$22d$	$21d$	$21d$
HRB400 HRBF400 RRB400	一、二级（l_{abE}）	—	$46d$	$40d$	$37d$	$33d$	$32d$	$31d$	$30d$	$29d$
	三级（l_{abE}）	—	$42d$	$37d$	$34d$	$30d$	$29d$	$28d$	$27d$	$26d$
	四级（l_{abE}）非抗震（l_{ab}）	—	$40d$	$35d$	$32d$	$29d$	$28d$	$27d$	$26d$	$25d$
HRB500 HRBF500	一、二级（l_{abE}）	—	$55d$	$49d$	$45d$	$41d$	$39d$	$37d$	$36d$	$35d$
	三级（l_{abE}）	—	$50d$	$45d$	$41d$	$38d$	$36d$	$34d$	$33d$	$32d$
	四级（l_{abE}）非抗震（l_{ab}）	—	$48d$	$43d$	$39d$	$36d$	$34d$	$32d$	$31d$	$30d$

注：d 为锚固钢筋直径。

② 受拉钢筋锚固长度 l_a、l_{aE} 的确定。受拉钢筋的锚固长度可按表 2-16 执行。

表 2-16　受拉钢筋锚固长度 l_a、抗震锚固长度 l_{aE}

非 抗 震	抗 震	
$l_a = \zeta_a l_{ab}$	$l_{aE} = \zeta_{aE} l_a$	1. l_a 不应小于 200 2. 锚固长度修正系数 ζ_a 按表 2-17 取用，当多于一项时，可按连乘计算，但不应小于 0.6 3. ζ_{aE} 为抗震锚固长度修正系数，对一、二级抗震等级取 1.15，对三级抗震等级取 1.05，对四级抗震等级取 1.00

注：1. HPB300 级钢筋末端应做成 180°弯钩，弯钩平直段长度不应小于 $3d$，但作为受压钢筋时，可不做弯钩。

2. 当锚固钢筋的保护层厚度不大于 $5d$ 时，锚固钢筋长度范围内应设置横向构造钢筋，其直径不应小于 $d/4$；对梁、柱等构件间距不应大于 $5d$，对板、墙等构件间距不应大于 $10d$，且均不应大于 100mm。

表 2-17　受拉钢筋锚固长度修正系数 ζ_a

锚 固 条 件		ζ_a	
带肋钢筋的公称直径大于 25mm		1.10	
环氧树脂涂层带肋钢筋		1.25	—
施工过程中易受扰动的钢筋		1.10	
锚固区保护层厚度	$3d$	0.80	中间时按内插值，d 为锚固钢筋直径
	$5d$	0.70	

2）绑扎搭接长度的计算。

① 在受拉区域内，HPB300 级钢筋绑扎接头的末端应做成 180° 弯钩，HRB335 级、HRB400 级钢筋可不做弯钩。

② 纵向受拉钢筋绑扎接头的搭接长度 l_1、l_{1E} 取值，如设计有规定时，按设计规定执行，如设计无规定时，可按表 2-18 计算，表 2-18 中 ζ_1 值见表 2-19。

表 2-18　纵向受拉钢筋绑扎接头的搭接长度 l_1、l_{1E}

纵向受拉钢筋绑扎搭接长度 l_1、l_{1E}		1. 当直径不同的钢筋搭接时，l_1、l_{1E} 值按直径较小的钢筋计算 2. 任何情况下不应小于 300mm 3. ζ_1 为纵向受拉钢筋搭接长度修正系数。当纵向钢筋搭接接头百分率为表的中间值时，可按内插取值
抗震	非抗震	
$l_{1E} = \zeta_1 l_{aE}$	$l_1 = \zeta_1 l_a$	

表 2-19　纵向受拉钢筋搭接长度修正系数 ζ_1

纵向钢筋搭接接头面积百分率（%）	≤25	50	100
ζ_1	1.2	1.4	1.6

（5）措施筋　固定钢筋的施工措施用筋，设计图样有规定的按设计规定计算；设计图样未作规定的可参考表 2-20 中用量。结算时按经批准的施工组织设计计算，并入钢筋工程量。

表 2-20　构件措施筋含量表　　　　　　　　（单位：kg/m³）

序　号	构件名称	含　量
1	满堂基础	4.0
2	板、楼梯	2.0
3	阳台、雨篷、挑檐	3.0

（6）混凝土内植筋　混凝土内植筋区别不同的钢筋规格，按"根"计算。混凝土内植筋项目不包括植入的钢筋制作安装，植入的钢筋制作安装工程量按相应钢筋制作安装项目计算。

（7）钢筋质量计算　钢筋质量即钢筋工程量，以 t 计算，按施工图及设计规定进行计算。

$$钢筋质量 = 钢筋长度 \times 钢筋每米质量 \qquad (2-34)$$
$$钢筋每米质量 = 0.006165d^2 \qquad (2-35)$$

式（2-34）中，钢筋长度单位为 m；计算出的钢筋质量单位为 kg；计算出的钢筋工程量最后分直径进行汇总。

（8）铁件工程量计算　钢筋混凝土构件中预埋铁件工程量，按设计图示尺寸以 t 计算。

[**例2-18**]　计算如图2-92所示现浇钢筋混凝土矩形梁的混凝土工程量及钢筋工程量。

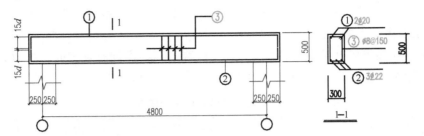

图2-92　现浇钢筋混凝土矩形梁示意图（混凝土强度等级为C25）

解：1）梁混凝土工程量计算。

$(4.8 - 0.25 \times 2)$ m $\times 0.5$m $\times 0.3$m $= 0.645$m³

2）梁中钢筋长度计算。

① 号钢筋（2Φ20）。

$l_1 = 2 \times$ （$4.8 + 0.25 \times 2 - 0.020 \times 2 + 15 \times 0.02 \times 2$）m

$\quad = 2 \times 5.86$m

$\quad = 11.72$m

② 号钢筋（3Φ22）。

$l_2 = 3 \times$ （$4.8 + 0.25 \times 2 - 0.02 \times 2 + 15 \times 0.022 \times 2$）m

$\quad\quad = 3 \times 5.92$m

$\quad\quad = 17.76$m

③ 号钢筋（Φ8@150）。

箍筋根数 $n =$ ｛[（$4.8 - 0.25 \times 2 - 0.05 \times 2$）m/0.15m]$+ 1$｝根

$\quad\quad\quad = 29$ 根

箍筋单根长 $l_3 =$ [（$0.5 + 0.3$）$\times 2 - 8 \times 0.02$m $+ 23.8 \times 0.008$]m

$\quad\quad\quad = 1.6304$m

箍筋总长 $l_4 =$ 箍筋根数 × 箍筋单根长 $= 29 \times 1.6304$m $= 47.28$m

（3）梁中钢筋质量计算

1）钢筋每米质量计算。

Φ8：（0.006165×8^2）kg/m $= 0.395$kg/m

Φ20：（0.006165×20^2）kg/m $= 2.47$kg/m

Φ22：（0.006165×22^2）kg/m $= 2.98$kg/m

2）梁中钢筋质量。

Φ8：47.28m × 0.395kg/m $= 18.68$kg

Φ20：11.72m × 2.47kg/m $= 28.95$kg

Φ22：17.76m × 2.98kg/m $= 52.92$kg

[**例2-19**]　计算如图2-93所示现浇钢筋混凝土板的混凝土工程量及钢筋工程量。已知板四周与梁相连，板厚 $h = 110$mm，板上部分布钢筋为Φ6.5@200。

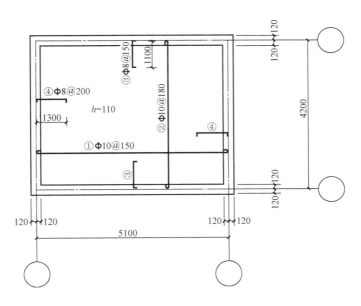

图 2-93　现浇钢筋混凝土板示意图

[**解**]　（1）板混凝土工程量计算

$(5.1-0.12\times2)\text{m}\times(4.2-0.12\times2)\text{m}\times0.11\text{m}=2.12\text{m}^3$

（2）板中钢筋长度计算

1）①号钢筋（$\phi10@150$）。

钢筋根数 $n_1=[(4.2-0.24-0.05\times2)\text{m}/0.15\text{m}]+1$ 根

$\qquad\qquad=26.7$ 根 ≈27 根

钢筋单根长 $l_1=5.1\text{m}+2\times6.25\times0.01\text{m}=5.225\text{m}$

① 号钢筋长度 = 钢筋根数 × 钢筋单根长

$\qquad\qquad=27$ 根 $\times5.225\text{m}=141.08\text{m}$

2）②号钢筋（$\phi10@180$）。

钢筋根数 $n_2=[(5.1-0.24-0.05\times2)\text{m}/0.18\text{m}]+1$ 根

$\qquad\qquad=27.4$ 根 ≈28 根

钢筋单根长 $l_2=4.2\text{m}+2\times6.25\times0.01\text{m}=4.325\text{m}$

② 号钢筋长度 = 钢筋根数 × 钢筋单根长

$\qquad\qquad=28$ 根 $\times4.325\text{m}=121.1\text{m}$

3）③号钢筋（$\phi8@200$）。

钢筋根数 $n_3=[(5.1-0.24-0.05\times2)\text{m}/0.2\text{m}]+1$ 根

$\qquad\qquad=24.8$ 根 ≈25 根

钢筋单根长 $l_3=1.1\text{m}+2\times(0.11-0.015\times2)\text{m}=1.26\text{m}$

③ 号钢筋长度 = 钢筋根数 × 钢筋单根长

$\qquad\qquad=2$ 边 $\times25$ 根 $\times1.26\text{m}$

$$=63m$$

4）④号钢筋（φ8@150）。

$$钢筋根数\ n_4 = [（4.2-0.24-0.05\times2）m/0.15m]+1\ 根$$
$$=26.7\ 根\approx27\ 根$$

$$钢筋单根长\ l_4 = 1.3m+2\times（0.11-0.015\times2）m = 1.46m$$

$$④号钢筋长度 = 钢筋根数\times钢筋单根长$$
$$=2\ 边\times27\ 根\times1.46m$$
$$=78.84m$$

5）分布筋（φ6.5@200）。

在③号钢筋上，可排放：$[（1.1-0.12）m/0.2m]+1\ 根 = 5.9\ 根\approx6\ 根$

单根长 $l_5 = 5.1m+2\times6.25\times0.0065m = 5.18m$

在③号钢筋上分布筋总长为：$2\ 边\times5.18m\times6\ 根 = 62.16m$

在④号钢筋上，可排放：$[（1.3-0.12）m/0.2m]+1\ 根 = 6.9\ 根\approx7\ 根$

单根长 $l_6 = 4.2m+2\times6.25\times0.0065m = 4.28m$

在④号钢筋上分布筋总长为：$2\ 边\times4.28m\times7\ 根 = 59.92m$

（3）钢筋质量计算

1）钢筋每米质量计算。

$φ10$：$（0.006165\times10^2）$ kg/m = 0.617kg/m

$φ8$：$（0.006165\times8^2）$ kg/m = 0.395kg/m

$φ6.5$：$（0.006165\times6.5^2）$ kg/m = 0.26kg/m

2）板中钢筋质量。

$φ10$：长度 = 141.08m+121.1m = 262.18m

质量 = 262.18m×0.617kg/m = 161.77kg

$φ8$：长度 = 63m+78.84m = 141.84m

质量 = 141.84m×0.395kg/m = 56.03kg

$φ6.5$：长度 = 62.16m+59.92m = 122.08m

质量 = 122.08m×0.26kg/m = 31.74kg

3）钢筋损耗量另加。

2.3.5 厂库房大门、特种门、木结构工程

1. 有关说明

（1）木材木种分类

1）一类：红松、水桐木、樟子松。

2）二类：白松（云杉、冷杉）、杉木、杨木、柳木、椴木。

3）三类：青松、黄花松、秋子木、马尾松、东北榆木、柏木、苦楝木、梓木、黄波萝、椿木、楠木、柚木、樟木。

4）四类：栎木（柞木）、檀木、槐木、荔木、麻要木（麻栎、青刚）、桦木、荷木、水

曲柳、华北榆木。

（2）圆木 以毛料为准；如需刨光，按每立方米木材增加 $0.05m^3$ 刨光损耗计算。

（3）玻璃 本部分所列玻璃为普通平板玻璃。如玻璃厚度和品种与设计规定不同时，应按设计规定换算，其他不变。

2. 工程量计算规则

1）门扇安装项目中未包括装配单、双弹簧合页或地弹簧，暗插销，大型拉手，金属踢、推板及铁三角等用工。计算时应另列项目，按装饰装修工程消耗量定额中的门扇五金安装相应项目计算。

2）厂库房大门扇等有关项目分制作及安装，以 $100m^2$ 扇面积为计算单位。

3）窗外护栏、推拉钢栅栏门窗制作、安装工程量按框外围面积计算。如钢材含量与设计不同时，可按设计规定调整，其他不变。

4）钢门安装工程量按框外围面积计算。

5）木结构工程量计算。

① 木楼梯按楼梯水平投影面积计算，但楼梯井宽度超过30cm时应予扣除。项目内已包括踢脚板、平台和伸入墙内部分的工、料，但未包括楼梯及平台底面的顶棚。

② 木屋架（图 2-94）工程量按竣工木料以 m^3 计算。其后备长度及配制损耗均已包括在项目内，不再另行计算。屋架需刨光者，按加刨光损耗后的毛料计算。附属于屋架的木夹板、垫木、风撑和与屋架连接的挑檐木均按竣工木料计算后，并入相应的屋架内。与圆木屋架连接的挑檐木、风撑等如为方木时，可另列项目按方檩木计算，单独的挑檐木也按方檩木计算。

③ 支承屋架的混凝土垫块，按钢筋混凝土章节中相应项目计算。

④ 屋架的跨度是指屋架两端上、下弦中心线交点之间的长度。带气楼的屋架按所依附的屋架跨度计算。

⑤ 屋架垂直运输费已包括在项目内，不论在屋顶组成或地面组成，均不计算。

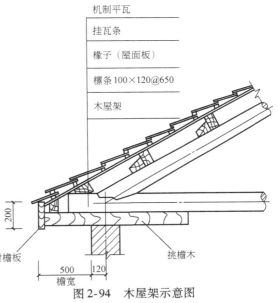

图 2-94 木屋架示意图

⑥ 檩木工程量按竣工木料以 m^3 计算，檩垫木或钉在屋架上的檩托木已包括在项目内，不再另行计算。简支檩长度按设计规定计算，如设计无规定时，按屋架或山墙中距增加10cm 接头计算（两端出山墙檩条算至搏风板）；连续檩的长度按设计长度计算，如设计无规定时，其接头长度按全部连续檩的总长度增加5%计算。正放檩木上的三角木应并入木材体积内计算。

⑦ 椽子、挂瓦条、檩木上钉屋面板等木基层工程量，均按屋面的斜面积计算。天窗挑檐重叠部分工程量按设计规定增加，屋面烟囱及斜沟部分所占的面积不予扣除。

⑧ 无檐口顶棚封檐板工程量，按檐口的外围长度计算；搏风板按其水平投影长度乘屋面坡度延尺系数后每头加15cm计算（两坡水屋面共加30cm）。

2.3.6 金属结构工程

金属结构工程量计算，根据实际需要，可计算制作、安装、运输三种工程量。其中安装、运输工程量计算见2.3.9构件运输及安装工程。

1. 金属结构工程工程量计算规则

金属结构构件制作工程量按设计图示钢材尺寸以t计算，不扣除孔眼、切边的质量；焊条、铆钉、螺栓等质量已包括在项目内，不再另行计算。在计算钢板质量时，先计算钢板面积，然后，再根据钢板每平方米质量计算钢板质量；计算不规则或多边形钢板质量，均按其最小外接矩形面积计算（图2-95）。在计算型钢质量时先计算型钢长度，再根据型钢每米质量计算型钢质量。

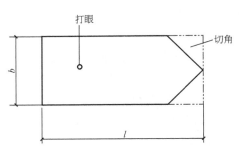

图2-95 不规则钢板示意图

金属结构常用的钢材计算简式如下：

$$钢板质量（kg）= \sum（钢板面积 \times 每平方米质量） \tag{2-36}$$
$$型钢质量（kg）= \sum（型钢长度 \times 每米质量） \tag{2-37}$$

2. 钢平台

计算钢平台制作工程量时，平台柱、平台梁、平台板、平台斜撑、钢扶梯及平台栏杆等重量并入钢平台重量内。

3. 钢垃圾斗、垃圾门

按设计图示尺寸以t计算，项目规定与设计不同时，可按设计规定调整，其他不变。

2.3.7 屋面及防水工程

1. 屋面工程

屋面工程基本组成如图2-96所示。

（1）说明

1）水泥瓦、粘土瓦、小青瓦、油毡瓦的实际使用规格与本部分不同时，瓦的数量可以换算，其他不变。

2）卷材防水、防潮项目不包括附加层的消耗量。

3）卷材及防水涂料屋面，项目内均已包括基层表面刷冷底子油或处理剂一遍，不再另行计算。油毡收头的材料包括在其他材料费内，不再另行计算。

4）卷材屋面坡度在15°以下者为平屋面，超过15°按相应规定增加人工。

5）铁皮屋面及铁皮排水项目已包括铁皮咬口和搭接的工料，钢管底节每个按2m长考虑。

6）橡胶卷材及镀锌铁皮的厚度，如设计与项目规定不同时，仍按相应项目计算。

7）屋面水泥砂浆找平层按 2.4.1 的相应项目计算。

8）屋面保温按 2.3.8 的相应项目计算。

（2）工程量计算规则

1）卷材及防水涂料屋面工程量按设计图示尺寸的水平投影面积乘以屋面坡度系数，（屋面坡度系数见表 2-21，坡度系数中各字母含义如图 2-97 所示）以 m² 计算，不扣除房上烟囱、风帽底座、风道、斜沟等所占的面积。平屋面的女儿墙、天沟和天窗等处的弯起部分和天窗出檐部分的重叠面积应

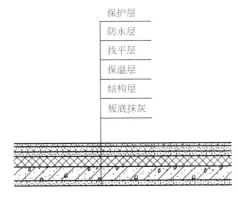

图 2-96　屋面工程基本组成示意图

按图示尺寸，并入相应屋面工程量内计算。弯起部分应按设计图示尺寸计算，如设计无规定时，伸缩缝、女儿墙弯起部分高度可按 25cm 计算（图 2-98），天窗弯起部分高度可按 50cm 计算。卷材防水项目不包括附加层，附加层按设计或施工相关规范规定计算。

表 2-21　屋面坡度系数

坡度 $B(A=1)$	坡度 $B/2A$	坡度角度 $/\alpha$	坡度系数 C $(A=1)$	隅坡度系数 D $(A=1)$
1	1/2	45°	1.4142	1.7321
0.75		36°52′	1.2500	1.6008
0.70		35°	1.2207	1.5779
0.666	1/3	33°40′	1.2015	1.5620
0.65		33°01′	1.1926	1.5564
0.60		30°58′	1.1662	1.5362
0.577		30°	1.1547	1.5270
0.55		28°49′	1.1413	1.5170
0.50	1/4	26°34′	1.1180	1.5000
0.45		24°14′	1.0966	1.4839
0.40	1/5	21°48′	1.0770	1.4697
0.35		19°17′	1.0594	1.4569
0.30		16°42′	1.0440	1.4457
0.25		14°02′	1.0308	1.4362
0.20	1/10	11°19′	1.0198	1.4283
0.15		8°32′	1.0112	1.4221
0.125		7°08′	1.0078	1.4191
0.100	1/20	5°42′	1.0050	1.4177
0.083		4°45′	1.0035	1.4166
0.066	1/30	3°49′	1.0022	1.4157

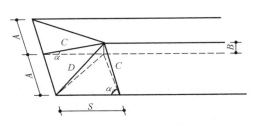

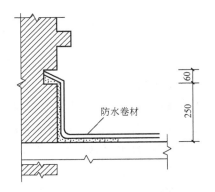

图 2-97　坡度系数中各字母含义示意图　　图 2-98　屋面女儿墙防水卷材弯起示意图

注：1. 两坡排水屋面面积为屋面水平投影面积乘以坡度系数 C。

2. 四坡排水屋面斜脊长度为 $A \times D$（当 $S = A$ 时）。

3. 沿山墙泛水长度为 $A \times C$。

2）瓦屋面工程量按设计图示尺寸的水平投影面积乘以屋面坡度系数以 m^2 计算，不扣除房上烟囱、风帽底座、风道、屋面小气窗、斜沟等所占的面积，而屋面小气窗出檐与屋面重叠部分的面积亦不增加，但天窗出檐部分重叠的面积应并入相应屋面工程量内计算。琉璃瓦檐口线及瓦脊以延长米计算。

3）型材屋面工程量按设计图示尺寸的水平投影面积乘以屋面坡度系数以 m^2 计算，不扣除房上烟囱、风帽底座、风道、斜沟等所占的面积。

① 平、瓦垄铁皮屋面檐口处用的丁字铁未包括在项目内，如设计需要时，可按实际计算，但人工、机械不另增加。

② 镀锌薄钢板压型屋面板、墙板，其所需的零配件、连接件和密封件均已包括在项目内，不再另行计算。

③ 玻璃钢采光罩按个计算，如单个水平投影面积超过 $1.5m^2$ 者，仍按该项目计算。

4）滴水线工程量按设计图示尺寸以延长米计算，如设计无规定时，可按瓦屋面加 5cm 计算；铁皮屋面加 7cm 计算。

5）铁皮排水工程量按表 2-22 规定以展开面积计算，项目内已综合了刷油漆的工料，不再另行计算。

6）彩钢板墙板工程量按设计图示尺寸实际铺设面积以 m^2 计算，扣除门窗洞口的面积，不扣除单个面积在 $0.3m^2$ 以内的孔洞所占的面积，包角、包边、窗台泛水等面积不另增加。

7）塑料排水。

① 塑料水落管工程量按设计图示尺寸区分不同直径计算水落管长度，每根水落管长度从设计室外地坪算至檐口水斗下口为止，如图 2-99 所示。

② 塑料水落口、塑料水斗工程量区分不同水落口直径以个计算。

③ 塑料弯头水落口工程量按设计要求以套计算，每套中含水落口箅子板。

表 2-22   铁皮排水单体零件工程量折算表

名　称	单　位	折算/m²
斜沟、天窗窗台泛水	m	0.50
天窗侧面泛水	m	0.70
烟囱泛水	m	0.80
通风管泛水	m	0.22
檐头泛水	m	0.24
滴水	m	0.11
天沟	m	1.30

2. 墙、地面防水、防潮工程

（1）说明

1）墙、地面防水、防潮项目适用于楼地面、墙基、墙身、构筑物、水池、水塔、室内厕所、浴室以及 ±0.000 以下的防水、防潮工程。

2）卷材防潮项目不包括附加层，附加层按设计或施工规范规定计算。

3）地下室防水按墙、地面防水相应项目基价乘以系数 1.10 计算。

4）刚性防水水泥砂浆内掺高效有机硅防水剂项目，如设计与规定不同时，掺合剂及其含量可调整换算，人工不变。

5）预埋止水带项目中连接件、固定件，可按钢筋铁件相应项目计算。

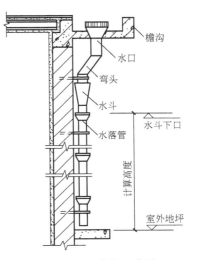

图 2-99   水落管示意图

（2）工程量计算规则

1）建筑物地面防水防潮层工程量，按主墙间净空面积计算，应扣除凸出地面的构筑物、设备基础等所占的面积，不扣除柱、垛、间壁墙、烟囱及 0.3m² 以内孔洞所占的面积。当地面与墙面连接处高度在 500mm 以内者，按展开面积计算，并入平面工程量内；超过 500mm 时，按立面防水层计算。

2）建筑物墙基防水、防潮层，外墙按墙基中心线长度、内墙按墙基净长线尺寸乘以墙基的宽度以 m² 计算。工程量计算公式为：

$$建筑物墙基防水、防潮层面积 = L_{外中} \times 建筑物外墙基础宽 + L_{内净} \times 建筑物内墙基础宽$$

(2-38)

式中　$L_{外中}$——外墙基础中心线长(m)；

　　　$L_{内净}$——内墙基础净长线长(m)。

3）构筑物及建筑物地下室防水层工程量，按设计防水面积计算，但不扣除 0.3m² 以内的孔洞面积，如立面上卷高度超过 500mm 时，按立面防水层计算。

3. 变形缝

1）变形缝的填缝、盖缝所用材料设计断面如与项目不同时，用料可以换算，人工不变。

2）变形缝工程量按变形缝长度计算。工程量计算公式为：

$$变形缝长度 = 建筑物宽度 + 建筑物立面高度 \times 2 \tag{2-39}$$

2.3.8 防腐、隔热、保温工程

1. 说明

1）本分部适用于中温、低温及恒温的工业厂（库）房隔热工程及一般保温工程，保温层的各种配比强度可按设计规定换算。

2）本分部只包括保温隔热材料的铺贴，不包括隔气防潮、保护层或衬墙等。

3）外墙粘贴聚苯板、挤塑板保温，适用于混凝土墙面及各种砌体墙面。

4）各部位聚苯板、挤塑板保温项目中保温板材厚度不同时，按以下方法调整：

① 厚度在150mm以内时，材料单价调整，其他不变。

② 厚度在150mm以上时，材料单价调整，人工、机械乘以系数1.20。

5）除墙体聚苯板现浇混凝土保温、现浇腹丝穿透型单面钢丝网架夹芯板、机械固定腹丝穿透型单面钢丝网架夹芯板及硬泡聚氨酯保温材料界面处理已包含在相应项目内，聚苯板、挤塑板等其他保温材料需界面处理时，套本分部界面处理项目。

6）在腰线上做保温（包括空调板、阳台板等构件），其对应的保温项目、界面砂浆项目、抗裂砂浆项目，执行墙体相应的保温项目，其中人工乘以系数1.50，材料、机械乘以系数1.10。

7）屋面坡度在15°以内的执行本部分项目，15°以上时按相应项目人工乘以系数1.27。

2. 保温、隔热工程量计算规则

（1）屋面保温

1）屋面保温隔热层工程量区别不同保温隔热材料，均按设计厚度乘以屋面面积以 m^3 计算，另有规定者除外。

2）聚苯板、挤塑板、硬泡聚氨酯、自调温相变保温材料保温按设计面积以 m^2 计算。

3）水泥砂浆找平层掺聚丙烯、锦纶-6纤维设计面积以 m^2 计算。

4）架空隔热层混凝土保温板保温按设计面积以 m^2 计算。

5）聚合物抗裂砂浆区分不同厚度按设计面积以 m^2 计算。

如保温隔热层兼作找坡层时，其厚度应取平均厚度（图2-100），计算公式为：

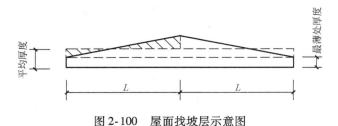

图 2-100 屋面找坡层示意图

$$屋面保温隔热层体积 = 保温隔热层平均厚度 \times 屋面面积 \quad (2\text{-}40)$$

[**例2-20**] 计算如图2-101所示屋面保温层工程量，已知保温层最薄处厚度为30mm。

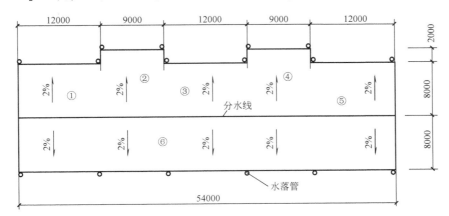

图2-101 平屋面排水示意图

[**解**] 计算时可分区域进行。

① 区：平均厚度 $h_1 = 0.03\text{m} + 8\text{m} \times 2\% / 2 = 0.11\text{m}$

　　　面积 $S_1 = 8\text{m} \times 12\text{m} = 96\text{m}^2$

　　　体积 $V_1 = 96\text{m}^2 \times 0.11\text{m} = 10.56\text{m}^3$

② 区：平均厚度 $h_2 = 0.03\text{m} + 10\text{m} \times 2\% / 2 = 0.13\text{m}$

　　　面积 $S_2 = 10\text{m} \times 9\text{m} = 90\text{m}^2$

　　　体积 $V_2 = 90\text{m}^2 \times 0.13\text{m} = 11.7\text{m}^3$

③ 区：同①区。

④ 区：同②区。

⑤ 区：同①区。

⑥ 区：平均厚度 $h_6 = 0.03\text{m} + 8\text{m} \times 2\% / 2 = 0.11\text{m}$

　　　面积 $S_6 = 8\text{m} \times 54\text{m} = 432\text{m}^2$

　　　体积 $V_6 = 432\text{m}^2 \times 0.11\text{m} = 47.52\text{m}^3$

（2）顶棚保温

1）顶棚保温、吸声层工程量按设计保温面积以 m^2 计算。顶棚保温砂浆、聚合物抗裂砂浆抹灰面积，按主墙间的净空面积计算，有坡度及拱形的顶棚，按展开面积计算，带有钢筋混凝土梁的顶棚、梁的侧面抹灰面积，并入顶棚抹灰工程量内计算。

2）计算顶棚抹灰面积时，不扣除间壁墙、垛、柱、附墙烟囱、附墙通风道、检查孔、管道及灰线等所占的面积。

3）软木、泡沫塑料板沥青铺贴在混凝土板下，按图示长、宽、厚的乘积，以 m^3 计算。

（3）墙体保温

1）聚苯板、挤塑板、单面钢丝网架夹心聚苯板、硬泡聚氨酯、自调温相变材料、胶粉聚苯颗粒墙体保温均按设计保温面积以 m^2 计算，应扣除门窗洞口、防火隔离带和 $0.3m^2$ 以上的孔洞面积，门窗洞口和 $0.3m^2$ 以上的洞口侧壁面积展开计算。

2）其他保温隔热层，均按墙中心线长乘以图示尺寸高度及厚度以 m^3 为计量单位计算。计算时，应扣除门窗洞口和 $0.3m^2$ 以上洞口所占的体积，门窗洞口和 $0.3m^2$ 以上的洞口侧壁体积展开计算。

3）内墙保温砂浆抹灰面积工程量，按主墙间的图示净长尺寸乘以内墙抹灰高度以 m^2 计算。内墙抹灰高度：自室内地坪或楼地面算至顶棚底或板底面，应扣除门窗洞口、空圈所占的面积，不扣除踢脚板、挂镜线、$0.3m^2$ 以内孔洞、墙与构件交接处的面积，洞口侧壁和顶面面积也不增加，不扣除间壁墙所占的面积。垛的侧面抹灰工程量，应并入墙面抹灰工程量内计算。

4）玻纤网格布与钢丝网铺贴、界面处理、抗裂砂浆按实铺面积以 m^2 为计量单位计算，应扣除门窗洞口和 $0.3m^2$ 以上孔洞所占面积。

5）玻纤网格布、钢丝网铺设已包含门窗洞口增强部分和侧壁部分，不另计算。

（4）柱子保温

软木、泡沫塑料板、沥青稻壳板包柱子，其工程量按隔热材料展开长度的中心线乘以图示高度及厚度，以 m^3 计算。

（5）楼地面保温

1）楼地面干铺聚苯板、挤塑板保温按实铺面积以 m^2 为计量单位计算。

2）楼地面沥青贴软木、沥青贴聚苯乙烯泡沫塑料板、沥青铺加气混凝土块按照设计面积乘以厚度以 m^3 为计量单位计算。

2.3.9　构件运输及安装工程

1. 说明

（1）构件运输

1）本项目适用于由构件堆放场地或构件加工厂至施工现场 25km 以内的运输。超过 25km 时，由承发包双方协商确定全部运输费用。

2）构件运输按表 2-23 分类计算。

表 2-23　构件运输分类表

类	别	项　目
混凝土构件	1	4m 以内实心板
	2	6m 以内的桩、屋面板、工业楼板、进深梁、基础梁、吊车梁、楼梯休息板、楼梯段、阳台板
	3	6m 以上至 14m 梁、板、柱、桩，各类屋架、桁架、托架（14m 以上另行处理）
	4	天窗架、挡风架、侧板、端壁板、天窗上下档、过梁及单件体积在 $0.1m^3$ 以内的小构件
	5	装配式内、外墙板，大楼板，厕所板
	6	隔墙板（高层用）

（续）

类　别		项　目
金属结构构件	1	钢柱、屋架、托架梁、防风桁架
	2	吊车梁、制动梁、型钢檩条、钢支撑、上下档、钢拉杆、栏杆、盖板、垃圾出灰门、倒灰门、算子、爬梯、零星构件、平台、操作台、走道休息台、扶梯、钢吊车梯台、烟囱紧固箍
	3	墙架、挡风架、天窗架、组合檩条、轻型屋架、滚动支架、悬挂支架、管道支架

3）本项目综合考虑了城镇、现场道路等级、重车上下坡等各种因素。如遇到非等级公路的狭窄、颠簸以及重车需要桥梁、道路加固、加宽等情况，应根据实际情况调整费用。

4）构件运输过程中，如因为遇路、桥限载（限高）而发生的加固、拓宽等费用，及有电车线路和公安交通管理部门保安护送费用，应另行计算。

（2）构件安装

1）构件安装是按单机作业考虑的，每一工作循环中，均已包括机械的必要位移。

2）构件安装是按机械起吊点中心回转半径 15m 以内的距离计算的，如超过回转半径应另按构件 1km 运输项目计算场内运输费用。建筑物地面以上各层构件安装，不论距离远近，已包括在项目的构件安装内容中，不受 15m 的限制。

3）构件安装用脚手架按 2.3.10 脚手架工程中有关规定计算。

4）金属结构构件安装项目已包括构件经运输后发生轻微变形所需人工校正费用（指人工使用一般工具校正）。如构件运输后发生重大变形的校正费用，按实际发生计算。

5）金属屋架单榀质量在 1t 以下者，按轻钢屋架项目计算。

6）混凝土构件运输与安装项目不包括起重机械、运输机械行驶道路的修整、铺垫工作的人工、材料、机械；不包括作业面以外的机械转移；不包括构件拼装与安装所需要的螺栓与配件，如发生时可据实调整费用；不包括起重机械安装、拆卸与运输，如发生时套用相应项目。

7）混凝土小型构件安装指单体体积小于 0.1m³ 的构件安装。

8）混凝土构件安装时所需的填缝料（砂浆或混凝土）和找平砂浆，已包括在项目内，不再另行计算。

9）混凝土构件及金属结构构件安装按檐口高度在 20m 以内及构件单个质量在 25t 以内考虑，如构件安装高度在 20m 以上及构件单个质量超过 25t，项目中的人工、机械乘以下列系数：单机吊装乘以 1.3，必须使用双机抬吊者乘以 1.5（使用塔式起重机的不乘系数）。

2. 工程量计算规则

1）混凝土构件安装工程量，应按施工图计算净用量。

2）加工厂制作的加气混凝土板（块）、硅酸盐块运输工程量，按每 m³ 折合 0.4m³ 钢筋混凝土体积，按 1 类构件运输计算。

3）木门窗运输工程量以框外围面积计算。

4）金属结构运输工程量等于金属结构的安装工程量。金属构件拼装及安装工程量应按构件制作工程量加 1.5% 焊条质量计算。三者关系如下：

$$金属构件运输工程量 = 金属构件安装工程量 = 1.015 金属构件制作工程量 \qquad (2-41)$$

5）钢筋混凝土柱不分形状，均按柱安装项目计算；管道支架按柱安装项目计算；多节混凝土柱安装，其首层柱按柱安装项目，首层以上柱按柱接柱项目计算。

6）混凝土花格安装工程量按小型构件计算，其体积按设计外形面积乘以厚度以 m^3 计算，不扣除镂空体积。

7）梯子安装适用于板式踏步、算式踏步扶梯及直式爬梯。U 形爬梯的安装人工已包括在相应项目内，不再另行计算。

8）排风道工程量区分不同型号以延长米计算。通风道混凝土风帽安装以个计算。

9）组合钢屋架是指上弦为钢筋混凝土，下弦为型钢，计算安装工程量时，以混凝土实体积计算，钢杆件部分不再另行计算。

10）平台安装工程量包括平台柱、平台梁、平台板、平台斜撑等，但依附于平台上的扶梯及栏杆应另列项目计算。

11）栏杆安装适用于平台栏杆等，依附于扶梯上的扶手栏杆应并入扶梯工程量计算。

2.3.10 脚手架工程

脚手架是建筑施工中供工人操作和堆放、运输材料所搭设的设施。在实际工程中，搭设脚手架的方法多种多样，在招投标工程量清单操作过程中，脚手架工程列为施工技术措施费，这一费用的承包方在投标报价时可以进行竞争。

1. 说明

1）本部分脚手架仅适用于主体结构工程，不包含装饰装修工程施工脚手架。

2）建筑物脚手架是按建筑物外墙高度和脚手架类别分别编制的。建筑物外墙高度以设计室外地坪作为计算起点，高度按以下规定计算：

① 平屋顶带挑檐的，算至挑檐栏板结构顶标高。

② 平屋顶带女儿墙的，算至女儿墙顶。

③ 坡屋面或其他曲面屋顶算至墙中心线与屋面板交点的高度，山墙按山墙平均高度计算。

④ 屋顶装饰架与外墙同立面（含水平距外墙 2m 以内范围），并与外墙同时施工，算至装饰架顶标高；上述多种情况同时存在时，按最大值读取。

3）本部分脚手架管、扣件、底座、爬升装置及架体是按租赁及合理的施工方法、合理的工期编制的。租赁材料往返运输所需要的人工和机械台班已包括在相应项目内。

4）墙体高度超过 1.2m 时，应计算脚手架费用。

5）外脚手架项目中已包括卸料平台。

6）附着式升降脚手架吊点数量可根据实际情况调整。

7）钢结构工程彩板墙板安装脚手架按相应高度双排外脚手架项目乘以系数 0.25 计算。

8）球形网架在地面拼装、就位安装用的脚手架，按批准的搭设方案计算；在顶部拼装、就位安装时按满堂脚手架计算。

9）建筑物最高檐高在20m以内计算依附斜道，依附斜道的搭设高度按建筑物最高檐高计算。独立斜道套用依附斜道定额项目乘以系数1.80计算。

10）地下建筑物的脚手架及依附斜道套用相应高度双排外脚手架及依附斜道项目。高度是指垫层底标高至设计室外地坪的高度。

2. 工程量计算规则

（1）建筑物脚手架

1）多层（跨）建筑物高度不同或同一建筑物各面墙的高度不同时，应分别计算工程量。

2）单排、双排外脚手架的工程量按外墙外围长度（含外墙保温）乘以外墙高度以 m² 计算。凸出墙外宽度在24cm以内的墙垛、附墙烟囱等，其脚手架已包括在外墙脚手架内，不再另行计算；凸出墙外宽度超过24cm时，按其图示尺寸展开面积计算，并入外墙脚手架工程量内。型钢悬挑脚手架、附着式升降脚手架按其搭设范围墙体外围面积计算。

3）外墙脚手架。

① 砖混结构外墙高度在15m以内时，按单排外脚手架计算；符合下列条件之一者，按双排外脚手架计算。

a）外墙门窗洞口面积超过整个建筑物外墙面积40%以上者。

b）毛石外墙、空心砖外墙、填充外墙。

c）外墙裙以上的外墙面抹灰面积占整个建筑物外墙面积（包括门窗洞口面积在内）25%以上者。

② 砖混结构外墙高度在15m以上及其他结构的建筑物按双排脚手架、型钢悬挑脚手架或附着式升降脚手架计算。

4）计算砌筑脚手架时，不扣除门、窗洞口及穿过建筑物通道的空洞面积。

5）砌筑高度超过1.2m的砖基础脚手架工程量，按砖基础的长度乘以砖基础的砌筑高度以 m² 计算；内墙、地下室内外墙体砌筑脚手架，外墙按砌体中心线、内墙按砌体净长线乘以高度以 m² 计算，高度从室内地坪或楼面算至板下或梁下（不包括圈梁）。高度（同一面墙高度变化时，按平均高度计）在3.6m以内时，按3.6m以内的里脚手架计算；高度超过3.6m时，按相应高度的单排外脚手架项目乘以系数0.6计算。

6）砌筑高度超过1.2m的室内管沟墙脚手架按墙的长度乘高度以 m² 计算。高度在3.6m以内时，按3.6m以内里脚手架计算；高度超过3.6m时，按相应高度的单排外脚手架项目乘以系数0.6计算。

7）独立砖、石柱脚手架，按柱的周长加3.6m乘以柱高以 m² 计算。独立砖柱高度在3.6m以内时，按3.6m以内里脚手架计算；高度超过3.6m时，按相应高度的单排外脚手架项目乘以系数0.6计算。独立石柱套用相应高度的双排脚手架项目乘以系数0.4计算。

8）现浇混凝土满堂基础、独立基础、设备基础、构筑物基础底面积在4m²以上或施工高度在1.5m以上、现浇带形基础宽度在2m以上时，工程量按基础底面积套用《全国统一建筑装饰装修工程消耗量定额河北省定额》中的满堂脚手架基本层项目乘以系数0.5计算。

9）砖石围墙、挡土墙砌筑脚手架工程量，按墙中心线长度乘以高度（不含基础埋深）以 m² 计算。砖砌围墙、挡土墙高度在 3.6m 以内时，按 3.6m 以内的里脚手架计算；高度超过 3.6m 时，按相应高度的单排外脚手架项目乘以系数 0.6 计算。石砌围墙、挡土墙高度在 3.6m 以内时，按 3.6m 以内的里脚手架计算；高度超过 3.6m 时，按相应高度的双排外脚手架项目乘以系数 0.6 计算。

10）地下室、卫生间等墙面防水处理所需要的脚手架按以下方法计算：

① 内墙面按《全国统一建筑装饰装修工程消耗量定额河北省定额》中的相应项目计算，防水高度在 3.6m 以内时，按墙面简易脚手架计算；防水高度超过 3.6m 时，按套用相应高度的内墙面装饰脚手架乘以系数 0.4 计算。

② 地下室外墙面防水套用相应高度的外墙双排脚手架项目乘以系数 0.2 计算。

11）砖垛铁栏杆围墙工程量，当砖垛砌筑高度超过 1.2m 时，可按独立砖柱脚手架的计算方法计算。

12）钢梯、木梯的脚手架按水平投影的外边线展开长度乘以高度，套用相应的双排外脚手架项目乘以系数 0.4 计算。

13）电梯井脚手架工程量，区别不同搭设高度，按单孔以座计算。

14）依附斜道按建筑物外围长度每 150m 为一座计算，余数每超过 60m 增加一座，60m 以内不计。

（2）构筑物脚手架

1）贮仓、贮水（油）池脚手架工程量按其外围周长乘以高度以 m² 计算，中间隔墙脚手架工程量按其垂直投影面积计算，套用相应高度（从基础垫层上表面算至仓顶或池顶）双排外脚手架项目乘以系数 0.6 计算。

2）烟囱及烟囱内衬脚手架工程量区别不同搭设高度，以座计算。

3）砖砌检查井（化粪池），按池壁外围长度乘以砌筑高度以 m² 计算，套用 3.6m 以内的里脚手架。混凝土检查井（化粪池），按池壁外围长度乘以高度套用相应高度双排外脚手架项目乘以系数 0.3 计算。

4）未说明的构筑物脚手架按批准的施工方案计算。

2.3.11 模板工程

在施工中常用的模板类型有组合钢模板、定型钢模板、木模板等。无论采用何种模板，都需按照计算规则把模板与混凝土接触面积计算出来，再分别套用相应项目计算模板的费用。

1. 说明

1）本分部中模板是分别按施工中常用的组合钢模板、大钢模板、定型钢模板、复合木模板、木模板、混凝土地胎模、砖地胎模编制的。组合钢模板及卡具、支撑钢管及扣件、大钢模板按租赁编制，租赁材料往返运输所需要的人工和机械台班已包括在相应的项目内；复合木模板、木模板、定型钢模板等按摊销考虑。

2）复合木模板适用于竹胶合模板、木胶合模板、复合纤维模板。

3）现浇混凝土梁、板、柱、墙支模高度按 3.6m 编制，3.6m 以上 6m 以下，每超过 1m（不足 1m 按 1m 计），超过部分工程量另按超高项目计算，6m 以上按批准的施工方案计算。

4）拱形、弧形构件是按木模考虑的，如实际使用钢模时，套用直形构件项目，人工乘以系数 1.20 计算。混凝土基础构件实际使用砖模，套用砌筑相应项目。

5）构造柱模板套用矩形柱项目。

6）斜梁（板）是按坡度 30° 以内综合取定的。坡度在 45° 以内，按相应项目人工乘以系数 1.05 计算。坡度在 60° 以内，按相应项目人工乘以系数 1.10 计算。

7）现浇空心板楼板执行平板项目。

8）电梯井壁的混凝土支模楼层层高超过 3.6m 时，超过部分工程量另按墙超高项目乘以系数 0.50 计算。

9）2 层以内且建筑面积 2000m² 以内的建筑物，梁、柱施工使用复合木模板的，复合木模板消耗量乘以系数 1.40 计算。

10）散水、坡道模板按垫层模板套用。

11）明沟垫层按垫层模板套用，立壁套用直形墙模板乘以系数 0.40 计算。

12）混凝土构件模板已综合考虑了模板支撑和脚手架操作系统，不再另行计算，混凝土构筑物及符合脚手架工程中建筑物脚手架工程量计算规则中第 8 条的除外。

2. 工程量计算规则

（1）现浇混凝土模板工程

1）现浇混凝土模板工程量，除另有规定外，均按混凝土与模板的接触面面积以 m² 计算，不扣除后浇带所占的面积。二次浇捣的后浇带模板按后浇带体积以 m³ 计算。

2）现浇钢筋混凝土墙、板上单孔面积在 0.3m² 以内的孔洞，不予扣除，洞侧壁模板亦不增加；单孔面积在 0.3m² 以上的孔洞，应扣除孔洞所占的面积，洞侧壁模板面积并入墙、板模板工程量内计算。

3）基础。

① 带形基础应分别按毛石混凝土、无筋混凝土、有梁式钢筋混凝土、无梁式钢筋混凝土条形基础计算。

工程量按模板与混凝土的接触面积以 m² 计算，接触面积计算公式为：

$$接触面积 = 条基支模长度 \times 支模高度 \times 2 \tag{2-42}$$

有梁式钢筋混凝土条形基础是指条基中含有梁的基础，其工程量按梁长乘以梁净高以 m² 计算。次梁与主梁交接时，次梁模板算至主梁侧面。其梁高（指基础扩大顶面至梁顶面的高）超过 1.2m 时，带形基础底板模板按无梁式计算，扩大顶面以上部分模板按混凝土墙项目计算。

② 独立基础模板工程量应分别按毛石混凝土和钢筋混凝土独立基础与模板接触面积计算，其高度从垫层上表面算至柱基上表面。现浇独立柱基与柱的划分同混凝土部分。

③ 杯形基础模板工程量按杯形基础与模板接触面积计算。杯形基础与现浇柱的划分同混凝土部分。

④ 满堂基础模板工程量计算模板与混凝土的接触面积。满堂基础分有梁式与无梁式满堂

基础项目计算。无梁式满堂基础工程量，有扩大或角锥形柱墩时，并入无梁式满堂基础计算。有梁式满堂基础工程量，梁高超过 1.2m 时，底板按无梁式满堂基础项目计算，梁按相应混凝土墙项目计算。箱式满堂基础应分别按无梁式满堂基础、柱、墙、梁、板的有关规定计算。

4）现浇钢筋混凝土模板工程量，分别按柱、梁、板、墙计算，不凸出墙面的柱并入墙的模板工程量内计算。混凝土墙大钢模板在消耗量中已综合考虑门窗洞口及侧壁处模板面积。

5）预制钢筋混凝土板之间模板工程量，按设计规定需现浇板缝时，若板缝宽度（指下口宽度）在 2cm 以上 20cm 以内者，按预制板间补现浇板缝项目计算；板缝超过 20cm 者，按平板项目计算。

6）叠合板模板工程量按板四周的长度乘以板厚按接触面计算，套用平板项目。叠合梁模板工程量按叠合部分两侧模板接触面计算。

7）构造柱模板工程量均应按图示外露部分计算模板面积，马牙槎的模板面积按马牙槎宽度乘以柱高计算。

8）现浇混凝土楼梯模板工程量，以图示水平投影面积计算，楼梯与楼板的划分以楼梯的外边缘为界，该楼梯梁包括在内。

9）整体螺旋楼梯、柱式螺旋楼梯，楼梯与走道板的分界以楼梯梁外边缘为界，该楼梯梁包括在楼梯内。

10）现浇钢筋混凝土悬挑的雨篷、阳台模板工程量，按图示外挑部分尺寸的水平投影面积计算。伸出墙外超过 1.5m 时，梁、板分别计算，套用相应项目。

11）挑檐天沟与板（包括屋面板、楼板）连接时，以外墙外边缘为分界线；当与圈梁（包括其他梁）连接时，以梁外边线为分界线。外墙外边缘以外或梁外边线以外为挑檐天沟。挑檐天沟壁高度在 40cm 以内时，套用挑檐项目；挑檐天沟壁高度超过 40cm 时，按全高套用栏板项目计算。混凝土飘窗板、空调板执行挑檐项目，如单体体积小于 0.05m³，则执行零星构件项目。

12）混凝土台阶工程量，按图示台阶尺寸（包括踏步及最上一层踏步沿 300mm）计算，台阶端头模板并入台阶工程量内，梯带另行计算。

13）零星构件适用于现浇混凝土扶手、柱式栏杆及其他未列项目，且单件体积在 0.05m³ 以内的小型构件。

（2）预制钢筋混凝土 预制钢筋混凝土构件模板工程量，均按混凝土与模板（含地模、胎模）的接触面积以 m² 计算。

（3）构筑物

1）构筑物工程模板工程量，除另有规定者外，区别现浇、预制和构件类别，分别按现浇、预制混凝土的有关规定计算。

2）贮水（油）池及液压滑升钢模板施工的烟囱、筒仓、倒锥壳水塔筒身、圆形仓筒壁、造粒塔筒壁工程量，均按混凝土体积以 m³ 计算。

3）水塔、贮仓等工程量，按图示尺寸混凝土与模板接触面面积以 m² 计算。

4）钢筋混凝土通廊、沉井、检查井（化粪池）、地沟的模板工程量，均按混凝土体积以 m³ 计算。

（4）对拉螺栓 高度≥500mm 的梁、宽度≥600mm 的柱及混凝土墙模板使用对拉螺栓时，按照以下规定以 t 为单位计算，并扣除相应子目的铁件消耗量。

1）对拉螺栓长度按混凝土厚度每侧增加 270mm，直径按 14mm 计算。

2）对拉螺栓间距按下列规定计算：

① 复合木模板中对拉螺栓间距 400mm。

② 组合钢模板中对拉螺栓间距 800mm。

经批准的施工方案的对拉螺栓长度、直径、间距与上述不同时可以调整。

[**例 2-21**] 如图 2-102 所示，计算现浇钢筋混凝土梁的模板工程量。

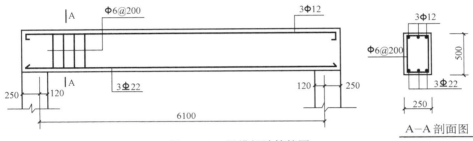

图 2-102 梁模板计算简图

[**解**] 根据图示，模板工程量为：

$S_1 = (6.1 - 0.24)\text{m} \times (0.25 + 0.5 \times 2)\text{m} = 7.33\text{m}^2$

$S_2 = 0.25\text{m} \times 0.5\text{m} \times 2$ 端 $= 0.25\text{m}^2$（梁两头）

$\sum S = 7.33\text{m}^2 + 0.25\text{m}^2 = 7.58\text{m}^2$

[**例 2-22**] 如图 2-103 所示，构造柱断面为 0.37m × 0.37m，柱高 h 为 18.3m，计算构造柱模板工程量。

[**解**] 根据图示，模板工程量为：

$S_1 = 0.37\text{m} \times 18.3\text{m} \times 2 = 13.54\text{m}^2$

$S_2 = 0.06\text{m} \times 18.3\text{m} \times 4 = 4.39\text{m}^2$

$\sum S = 13.54\text{m}^2 + 4.39\text{m}^2 = 17.93\text{m}^2$

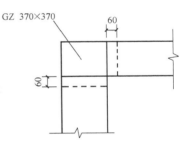

图 2-103 构造柱模板计算简图

2.3.12 垂直运输工程

垂直运输工程是指垂直运输机械在垂直运输过程中所发生的人工费、材料费、机械费用。垂直运输费列入可竞争措施项目内，在投标报价过程中，承包商对垂直运输费允许竞争。

1. 说明

（1）建筑物垂直运输

1）本分部中工作内容包括单位工程在合理工期内完成本定额项目所需的垂直运输机械台班，不包括机械的场外往返运输、一次安拆及路基铺垫和轨道铺拆等的费用。

2）建筑物垂直运输划分是以建筑物的檐高及层数两个指标同时界定的，凡檐高达到上限而层数未达到时以檐高为准；如层数达到上限而檐高未达到时以层数为准。

3）同一建筑上下结构不同时按结构分界面分别计算建筑面积套用相应项目，檐高均以该建筑物的最高檐高为准；同一建筑水平方向的结构或高度不同时，以垂直分界面分别计算建筑面积套用相应项目。

4）建筑物檐高以设计室外地坪标高作为计算点，建筑物檐高按下列计算，凸出屋面的电梯间、水箱间、亭台楼阁等不计入檐高内。

① 平屋顶带挑檐的，算至挑檐板结构下皮标高。

② 平屋顶带女儿墙的，算至屋顶结构板上皮标高。

③ 坡屋面或其他曲屋面屋顶均算至外墙（非山墙）的中心线与屋面板交点的高度。

④ 上述多种情况同时存在时，按最大值计取。

5）建筑物的垂直运输执行以下规定：

① 带地下室的建筑物以 ±0.00 为界分别套用 ±0.00 以下及以上的相应项目。

② 无地下室的建筑物套用 ±0.00 以上相应项目；当基础深度（基础底标高至 ±0.00）超过 3.6m 时，基础的垂直运输费按 ±0.00 处外围（含外墙保温板）水平投影面积套用 ±0.00以下一层子目乘以系数 0.70 计算。

③ 设备管道夹层按其外围（含外墙保温板）水平投影面积乘以系数 0.50 并入建筑物垂直运输工程量内，设备管道夹层不计算层数。

④ 接层工程的垂直运输费按接层的建筑面积套用相应项目乘以系数 1.50 计算，高度按接层后的檐高计算。

6）预制钢筋混凝土柱、钢屋架的单层厂房按预制排架项目计算。

7）单层钢结构工程按预制排架项目计算。多层钢结构工程套用其他结构乘以系数 0.5计算。

8）檐高 3.6m 以内的单层建筑，不计算垂直运输机械费。

9）采用卷扬机、施工电梯、塔式起重机施工已包括构件安装，因建筑物造型所限，构件安装不能就位必须使用其他起重机械安装时，应另行计算，不扣除项目垂直运输台班量。

10）结构类型适用范围见表 2-24。

表 2-24 结构类型适用范围

现浇框架结构适用范围	其他结构适用范围
现浇框架、框剪、剪力墙结构	除砖混结构、现浇框架、框剪、剪力墙、滑模结构及预制排架结构以外的结构类型

（2）编制方法 本分部是按混凝土全部泵送编制的，不全部使用泵送混凝土的工程，其垂直运输机械费按以下方法增加：按非泵送混凝土数量占现浇混凝土总量的百分比乘以7%，再乘以按项目计算的整个工程的垂直运输费。

2. 工程量计算规则

1）建筑物垂直运输费，区分不同建筑物的结构类型及檐高（层数）按建筑物面积以 m^2 计算，建筑物以 ±0.00 为界分别计算建筑面积套用相应项目。

2）建筑面积按《建筑工程建筑面积计算规范》的规定计算，其中设备管道夹层垂直运输按本单元的有关规定计算。

[例 2-23]   某砖混结构住宅楼，檐高为 15.45m，建筑面积为 4500m²，计算垂直运输费。

[解]   根据工程量计算规则，其工程量按建筑面积计算：$S = 4500m^2$

如某地区混合结构檐高 20m 内垂直运输费为：1958.16 元／100m²

则该项垂直运输费为：1958.16 元／100m² ×45m² = 88117.2 元

2.3.13   建筑物超高费

1. 说明

1）本项目适用于建筑物檐高 20m 以上的工程。

2）建筑物檐高以设计室外地坪标高作为计算起点，建筑物檐高按下列方法计算，凸出屋面的电梯间、水箱间、亭台楼阁等均不计入檐高内：

①平屋顶带挑檐的，算至挑檐栏板结构下皮标高。

②平屋顶带女儿墙的，算至屋顶结构板上皮标高。

③坡屋面或其他曲面屋顶算至外墙（非山墙）的中心线与屋面板交点的高度。

④上述多种情况同时存在时，按最大值计取。

3）同一建筑物檐高不同时，按不同檐高分别计算超高费。同一屋面的前后檐高不同时，以高檐为准。

4）超高建筑增加费综合了由于超高施工人工、其他机械（扣除垂直运输、吊装机械、各类构件的水平运输机械以外的机械）降效以及加压水泵等费用。垂直运输、吊装机械的超高降效已综合在相应章节中。

2. 工程量计算规则

1）建筑物自设计室外地坪至檐高超过 20m 的建筑面积（以下简称超高建筑面积）计算超高增加费，其增加费均按与建筑物相应的檐高标准计算。20m 所对应楼层的建筑面积并入建筑物超高费工程量，20m 所对应的楼层按下列规定套用定额：

①20m 以上到本层顶板高度在本层层高 50% 以内时，按相应超高项目乘以系数 0.50 套用定额。

②20m 以上到本层顶板高度在本层层高 50% 以上时，按相应超高项目套用定额。

2）超高建筑面积按《建筑工程建筑面积计算规范》（GB/T 50353—2005）的规定计算。

3）超过 20m 以上的设备管道夹层按其外围（含外墙保温板）水平投影面积乘以系数 0.50 并入建筑物超高费工程量内，并按第 1）条规定套用定额。

4）建筑物 20m 以上部分的层高超过 3.6m 时，每增高 1m（包括 1m 以内），按相应超高项目提高 25%。

[例 2-24]   如图 2-104 所示，根据已知条件计算建筑物超高费。已知：

1）甲每层建筑面积为 1500m²；屋顶楼梯间建筑面积为 35.5m²。

2）乙每层建筑面积为 750m²。

[解]　依据有关说明及计算规则，本工程超高（27.9＋0.3－20）m＝8.2m，应计算超高费。

1）甲的第七层高度 h ＝21.9m（从设计室外地坪至七层顶），超高1.9m，属20m以上到本层顶板高度在本层层高50%以上，按相应超高项目计算（基价：1235.13 元/100m²）。

S ＝1500m²（工程量）

则甲的第七层超高费为：1235.13 元/100m² ×1500m²＝18526.95 元

甲的第八层、第九层超高够一层，按超高项目基价的 100% 计算。（基价：1235.13 元/100m²）。

S ＝1500m² ×2＋35.5m²＝3035.5m²（楼梯间的面积工程量计算在内）

则甲的第八层、第九层超高费为：1235.13 元/100m² ×3035.5m²＝37492.37 元

2）乙的第七层高度 h ＝21.9m，超高1.9m，属20m以上到本层顶板高度在本层层高50%以上，按相应超高项目计算（基价：1235.13 元/100m²）。

S ＝750m²（工程量）

则乙的第七层超高费为：1235.13 元/100m² ×750m²＝9263.48 元

3）经计算，汇总得出：

甲的超高费为：18526.95 元＋37492.37 元＝56019.32 元

乙的超高费为：9263.48 元

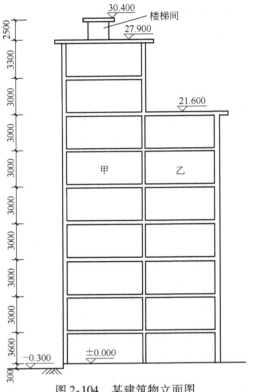

图 2-104　某建筑物立面图

2.3.14　其他可竞争措施项目

其他可竞争措施项目费用，在招投标预算中是可竞争的费用，其百分率可提高，也可降低，一般不包干使用，这样有利于建筑造价市场竞争，使劣质施工队伍在激烈的招投标竞争中自然淘汰，优质队伍胜出。

本部分列出的措施费项目，在工程计价中，由承包人自报费用。若未报的，视为已包括在承包价内，发包人不另支付。

1. 说明

（1）支挡土板　支挡土板项目分密撑和疏撑，密撑是指满支挡土板，疏撑是指间隔支挡土板。

（2）打拔钢板桩

1）钢板桩打入有侵蚀性地下水的土质超过一年或基底为基岩者，拔桩项目另行计算。

2）项目内未包括钢板桩的制作、矫正、除锈、刷油漆、咬口处防水及防渗内容。

3）打拔钢板桩项目不包括钢板桩的摊销费。

（3）降水工程

1）井点排水按射流泵取定，如实际使用其他排水泵时，可以调整，附加的明排水泵，可按实际计算。

2）抽水机降水系采用截、疏、抽的方法来进行排水，即在开挖基坑时，沿坑底周围或中央开挖排水沟，并设集水井，使基坑内的水经排水沟流向集水井，然后用水泵抽水。

（4）其他

1）分为一般土建工程和桩基础工程，分别包括以下内容：

① 冬季施工增加费，指当地规定的取暖期间施工所增加的工序、劳动工效降低、保温、加热的材料、人工和设施费用。不包括暖棚搭设、外加剂和冬期施工需要提高混凝土和砂浆强度所增加的费用，发生时另计。

② 雨季施工增加费，指冬季以外的时间施工所增加的工序、劳动工效降低、防雨的材料、人工和设施费用。

③ 夜间施工增加费，指合理工期内因施工工序需要必须连续施工而进行的夜间施工发生的费用，包括照明设施的安拆、劳动工效降低、夜餐补助等费用，不包括建设单位要求赶工而采用夜班作业施工所发生的费用。

④ 生产工具用具使用费，指施工生产所需不属于固定资产的生产工具及检验用具等的购置、摊销和维修费，以及支付给工人的自备工具的补贴费。

⑤ 检验试验配合费，指配合工程质量检测机构取样、检测所发生的费用。

⑥ 工程定位复测、场地清理费，包括工程定位复测及将建筑物正常施工中造成的全部垃圾清理至建筑物外墙 50m 范围以外（不包括外运）的费用。

⑦ 成品保护费，指为保护工程成品完好所采取的措施费用。

⑧ 二次搬运费，指确因施工场地狭小，或由于现场施工情况复杂，工程所需材料、成品、半成品堆放点距建筑物近边在 150m 至 500m 范围以内，不能就位堆放时而发生的二次搬运费，不包括自建设单位仓库至工地仓库的搬运以及施工平面布置变化所发生的搬运费用。

⑨ 临时停水停电费，指施工现场临时停水停电每周累计 8 小时以内的人工、机械、停窝工损失补偿费用。

⑩ 土建工程施工与生产同时进行增加费，是指改扩建工程在生产车间或装置内施工，因生产操作或生产条件限制（如不准动火）干扰了施工正常进行而降效的增加费用，不包括为保证安全生产和施工所采取措施的费用。

⑪ 有害身体健康的环境中施工降效增加费，是指在《中华人民共和国民法通则》有关规定允许的前提下，改扩建工程，由于车间或装置范围内有害气体或高分贝的噪声超过国家标准以致影响身体健康而降效的增加费用，不包括《中华人民共和国劳动保护法》规定应享受的工种保健费。

2）以上 11 项费用按建设工程项目的实体和可竞争措施项目（⑪项费用除外）中人工费和机械费之和乘以相应系数进行计算。

3）夜间施工增加费、生产工具用具使用费、检验试验配合费、工程定位复测、场地清理费、成品保护费、二次搬运费、临时停水停电费是按全年摊销测算的。

4）冬（雨）期施工增加费，施工期不足冬（雨）期规定天数 50% 的按 50% 计取；施工期超过冬（雨）期规定天数 50% 的按全部计取。

2. 工程量计算规则

1）挡土板工程量，按槽、坑垂直支撑面积以 m^2 计算。

2）打拔钢板桩工程量按钢板质量以 t 计算，安拆导向夹具工程量按设计图样规定的水平延长米计算。

3）井点降水区别轻型井点、喷射井点、大口径井点、水平井点、电渗井点，按不同井管深度的井管安装、拆除，以根为单位计算，使用按套、天计算。

井点套组成：轻型井点，50 根为一套；喷射井点，30 根为一套；大口径井点，45 根为一套；电渗井点阳极，30 根为一套；水平井点，10 根为一套；水泥管深井井点，一根为一套。

井管间距应根据地质条件和施工降水要求，依据施工组织设计确定；施工组织设计没有规定时，可按轻型井点管距 $0.8 \sim 1.60$m、喷射井点管距 $2 \sim 3$m 确定。

使用天应以每昼夜 24 小时为一天，使用天数应按施工组织设计规定的使用天数计算。

[**例 2-25**] 某一工程，实体项目和可竞争措施（⑪项费用除外）项目中人工费为 92075 元，机械费为 61383 元，求该项工程其他费用。

[**解**] 1）人工费 + 机械费 = 92075 元 + 61383 元 = 153458 元

2）冬期施工增加费为：

$153458 \times 0.64\% = 982.13$ 元

3）雨期施工增加费为：

$153458 \times 1.48\% = 2271.18$ 元

4）夜间施工增加费为：

$153458 \times 0.75\% = 1150.94$ 元

5）生产工具用具使用费为：

$153458 \times 1.41\% = 2163.76$ 元

6）检验试验配合费为：

$153458 \times 0.57\% = 874.71$ 元

7）工程定位复测、场地清理费为：

$153458 \times 0.65\% = 997.48$ 元

8）成品保护费为：

$153458 \times 0.72\% = 1104.90$ 元

9）二次搬运费为：

$153458 \times 1.20\% = 1841.50$ 元

10）临时停水停电费为：

$153458 \times 0.44\% = 675.22$ 元

11）土建施工与生产同时进行增加费为：

$153458 \times 2.14\% = 3284.00$ 元

12）在有害身体健康的环境中施工降效增加费为：

$153458 \times 2.14\% = 3284.00$ 元

13）其他费用合计为：

前面 1）~ 12）进行相加 = 18629.82 元

2.3.15　不可竞争措施项目

不可竞争措施项目包括安全防护、文明施工费。

1）安全防护、文明施工费指为完成工程项目施工，发生于该工程施工前和施工过程中安全生产、环境保护、临时设施、文明施工的非工程实体的措施项目费用，已包括安全网、防护架、建筑物垂直封闭及临时防护栏杆等所发生的费用。

临时设施费是指承包人为进行工程施工所必需的生活和生产用的临时建筑物、构筑物和其他临时设施的搭设、维修、拆除、摊销费用。临时设施包括临时宿舍、文化福利及公用事业房屋与构筑物、仓库、办公室、加工厂以及规定范围内道路、水、电、管线等临时设施和小型临时设施。

2）安全生产、文明施工费分基本费和增加费两部分。

基本费是按照工程所在地在市区、县城区域内，不临路编制的。如工程不在市区、县城区域内的，乘以系数 0.97；工程每一面临路的，增加 3% 的费用。临路是指建筑物立面距道路最近便道（无便道时，以慢车道为准）外边线在 50m 范围内。

3）安全防护、文明施工费的基本费、增加费均以直接费（含人工、材料、机械调整，不含安全生产、文明费）、企业管理费、利润、规费、价款调整之和作为计取基数。

4）安全生产、文明施工费分不同阶段按下列规定计取：

① 基本费在编制标底或最高限价、报价时按本章给定的费率及调整系数计算，竣工结算时按照造价管理机构测定的费率进行调整。

② 增加费在编制标底或最高限价、报价时按最高费率计算，竣工结算时按照造价管理机构测定的费率进行调整。

课题 4　装饰装修工程工程量计算规则

一般装饰装修工程中，每个分项工程量计算规则，全国各地不尽相同，用单价法及工程量清单计算时也有所不同，为说明问题并在一定范围内有实用性，本课题以《全国统一装饰装修工程消耗量定额河北省消耗量定额》为例来讲解，各地可按当地预算定额中的规则计算。

2.4.1 楼地面工程

楼地面工程主要包括：垫层、找平层、面层等分项工程项目，如图 2-105 和图 2-106 所示。

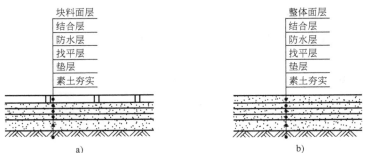

图 2-105 地面构造示意图

a）块料面层构造图　b）整体面层构造图

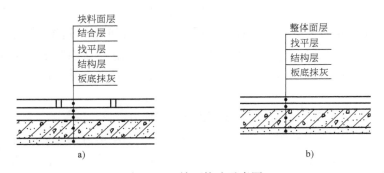

图 2-106 楼面构造示意图

a）块料面层构造图　b）整体面层构造图

1. 楼地面面层、找平层

（1）说明

1）楼地面面层包括整体面层、块料面层、橡塑面层、其他面层。整体面层材料包括水泥砂浆、现浇水磨石、水泥豆石浆、混凝土、剁假石、彩色水泥、彩色聚氨酯、自流平面层等。块料面层材料包括天然石材、人造大理石板、陶瓷地砖、水泥花砖、缸砖、陶瓷锦砖、预制水磨石板、标准砖、混凝土板等。橡塑面层包括橡胶板、塑料板、塑料卷材、塑胶地面等。其他面层包括地毯，竹、木地板，防静电活动地板，金属复合地板等。

2）找平层常用材料有水泥砂浆、细石混凝土等。

3）砂浆、石子浆的厚度和强度等级，混凝土的强度等级等设计与项目规定不同时，可以进行换算。

4）地面刷素水泥浆按 2.4.2 墙柱面工程相应项目计算。

5）整体面层、块料面层使用的白水泥、金属嵌条、颜料等，如设计与项目规定不同时，可按设计调整。

6）楼地面块料面层、整体面层（现浇水磨石楼地面除外）均未包括找平层，如设计要求时，另行计算。

7）大理石、花岗石楼地面拼花是按成品考虑的，镶拼面积小于 0.015m^3 的石材，执行点缀定额项目。

8）整体面层、块料面层中的楼地面项目和楼梯面层（除水泥砂浆楼梯及水磨石楼梯外），均不包括踢脚线工料。楼梯踢脚线工程量按相应踢脚线项目乘以系数 1.15 计算。

9）楼梯不包括板底及侧面抹灰，板底抹灰执行 2.4.3 顶棚工程中相应项目，侧面抹灰执行 2.4.2 墙柱面工程中相应项目。

10）楼梯找平层按水平投影面积乘以系数 1.37 计算，台阶乘以系数 1.48 计算。

11）楼梯基层板按水平投影面积套用相应地面基层板乘以系数 1.37 计算。

12）楼地面零星项目适用于楼梯侧面、台阶侧面、小便池、蹲台、池槽及每个平面面积在 1m^3 以内定额未列项目的工程。

（2）工程量计算规则

1）楼地面面层、找平层工程量按设计图示尺寸的主墙间净面积以 m^2 计算，应扣除凸出地面的构筑物、设备基础、室内铁道及不需做面层的地沟盖板所占的面积，不扣除柱、垛、间壁墙、附墙烟囱及面积在 0.3m^2 以内的孔洞所占的面积，但门洞、空圈和暖气包槽、壁龛的开口部分亦不增加。

[例2-26]　计算如图 2-62 所示建筑物室内地面水泥砂浆面层及找平层工程量。

[解]　室内地面面积＝各房间净面积之和

$$= (4.5 - 0.12 \times 2)\text{m} \times (7.2 - 0.12 \times 2)\text{m} + 2 \times (3.6 - 0.12 \times 2)\text{m} \times$$
$$(3.9 - 0.12 \times 2)\text{m}$$
$$= 54.24\text{m}^2$$

室内地面水泥砂浆面层及找平层工程量均为：54.24m^2。

2）块料面层、橡塑面层和其他材料面层工程量按设计图示尺寸以净面积计算，不扣除 0.1m^2 以内的孔洞所占的面积，门洞、空圈、暖气包槽和壁龛的开口部分的工程量并入相应的面层工程量内计算。块料面层拼花部分按实贴面积计算。

[例2-27]　根据图 2-62 计算建筑物室内地面地板砖工程量。

[解]　室内地板砖面积 $= 54.24\text{m}^2 + 2 \times 1\text{m} \times 0.24\text{m} + 1.2\text{m} \times 0.24\text{m}$
$$= 55.01\text{m}^2$$

3）楼梯面层工程量以楼梯的水平投影面积计算（包括踏步和中间休息平台）。楼梯与楼面分界以楼梯梁外边缘为界，无楼梯梁时，算至最上一层踏步边沿加 300mm，不扣除宽度小于 500mm 的楼梯井所占的面积，楼梯井宽度超过 500mm 时，所占面积应予扣除。

工程量计算公式为：

$$每层楼梯水平投影面积 = L \times B - 楼梯井面积（宽度大于 500\text{mm}） \qquad (2-43)$$

式中　L——休息平台内墙面至楼梯与楼板相连梁外边缘的距离（m）；

　　　B——楼梯间净宽（m）。

4）阶梯教室整体面层地面工程量按展开面积以 m^2 计算，套用相应的地面面层项目，套用时人工乘以系数1.08。

5）踢脚线工程量按设计图示尺寸区分不同用料及做法以 m^2 计算。整体面层踢脚线不扣除门洞口及空圈处长度，但侧壁长度亦不增加，垛、柱的踢脚板工程量合并计算；其他面层踢脚线按实贴面积计算，成品踢脚线按实贴延长米计算。

工程量计算公式为：

$$踢脚线面积 = 踢脚线高度 \times (踢脚线长度 + 柱、垛侧面展开长度) \tag{2-44}$$

[例2-28] 根据图2-62计算建筑物室内各房间150mm高水泥砂浆踢脚线工程量。

[解] 水泥砂浆踢脚线面积 = 各房间净周长 × 踢脚线高度

$$\begin{aligned} &= [(4.5 - 0.12 \times 2) \times 2 + (7.2 - 0.12 \times 2) \times 2 + (3.9 - \\ &\quad 0.12 \times 2) \times 4 + (3.6 - 0.12 \times 2) \times 4] m \times 0.15 m \\ &= 7.58 m^2 \end{aligned}$$

6）楼梯防滑条工程量按设计规定长度计算，如设计无规定时，可按楼梯踏步长度两边共减15cm计算。

2. 垫层

垫层通常分为地面垫层和基础垫层。

（1）说明 设计垫层材料的配合比和混凝土强度等级，如与项目规定不同时，可根据设计要求按规定的配合比进行换算。

（2）工程量计算规则

1）地面垫层工程量按设计规定厚度乘以楼地面面积以 m^3 计算。其中，楼地面主墙间净面积按楼地面面层方法计算。

工程量计算公式为：

$$地面垫层体积 = 地面垫层设计厚度 \times 楼地面面积 \tag{2-45}$$

[例2-29] 根据图2-62计算建筑物室内60mm厚C15混凝土垫层工程量。

[解] 混凝土垫层体积 = 各房间楼地面面积 × 垫层厚度

$$\begin{aligned} &= 54.24 m^2 \times 0.06 m \\ &= 3.25 m^3 \end{aligned}$$

2）基础垫层工程量按设计图示尺寸以 m^3 计算。

计算时，根据不同基础类型分别计算。如条形基础垫层工程量计算公式如下：

$$\begin{aligned} 条形基础垫层体积 = &外墙条形基础垫层中心线长 \times 外墙条形基础垫层断面积 + \\ &内墙条形基础垫层净长线长 \times 内墙条形基础垫层断面积 \end{aligned} \tag{2-46}$$

$$基础垫层断面积 = 垫层厚度 \times 垫层宽度 \tag{2-47}$$

3. 其他

（1）说明

1）木地板填充材料，可按有关章节相应项目计算。

2）设计规定龙骨的间距、规格和型号如与定额不同时，可按设计调整，但人工、机械不变。

3）扶手、栏板、栏杆的主要材料用量，其设计与定额不同时，可以调整，但人工、机械不变。

（2）工程量计算规则

1）竹、木地板龙骨及基层工程量按面层的实铺面积计算。

2）点缀按个计算，计算铺贴地面面积时，不扣除点缀所占的面积。

3）栏杆、栏板、扶手、成品栏杆（带扶手）工程量均按其中心线长度以延长米计算，楼梯栏杆、栏板、扶手、成品栏杆（带扶手）设计无规定时，其长度可按全部投影长度乘以系数 1.15 计算。

4）计算扶手时，不扣除弯头所占的长度，弯头按个另计，一个拐弯计算两个弯头，顶层计算一个弯头。

硬木扶手项目已包括弯头制作、安装，如采用成品弯头需另套成品弯头安装项目，同时扣除成品弯头所占的长度。

5）台阶面层工程量按台阶水平投影面积计算。计算时，水平投影面积包括踏步及最上一层踏步外沿 300mm，如图 2-61 所示。

[例 2-30]　根据图 2-62 计算建筑物地砖台阶面层工程量。

[解]　台阶面层净面积 $= [(1.8 - 0.3 \times 2) + (1.2 + 0.3 \times 2) \times 2] m \times (0.3 \times 3) m$

$= 4.32 m^2$

6）剁假石台阶面层工程量以展开面积计算，执行 2.4.2 墙柱面工程中的剁假石普通腰线项目。

2.4.2　墙柱面工程

本分部工程中抹灰工程按材料可分为一般抹灰、普通装饰抹灰、镶贴块料面层。

一般抹灰又可分为石灰砂浆抹灰、水泥砂浆抹灰、混合砂浆抹灰、其他砂浆抹灰。普通装饰抹灰可分为水刷石、干粘石、斩假石、水磨石、拉毛、喷涂、滚涂、蘑菇石等。

1. 说明

1）石灰砂浆抹灰分普通、中级、高级，如图 2-107 所示，其标准如下：

① 普通抹灰：一遍底层，一遍面层。

② 中级抹灰：一遍底层，一遍中层，一遍面层。

③ 高级抹灰：一遍底层，一遍中层，两遍面层。

石灰砂浆抹灰定额项目按中级抹灰标准取定，如设计不同时，普通抹灰按相应项目人工乘以系数 0.8 计算，高级抹灰按相应项目人工乘以系数 1.25 计算，其他不变。

2）项目中的抹灰砂浆种类、配合比及厚度是根据现行规范、标准设计图集及各地区一般采用的施工做法综合确定的，如设计采用的砂浆种类、配合比及厚度与项目取定不同时，可根据规定进行调整。

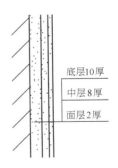

底层10厚
中层8厚
面层2厚

图 2-107　墙面抹灰
标准示意图

3）抹灰及镶贴块料面层项目中，均不包括基层涂刷素水泥浆或界面处理剂，设计有要求时，另列项目计算。抹 TG 胶砂浆项目已包括刷 TG 胶一道，不再另行计算。

2. 工程量计算规则

（1）外墙面抹灰

1）外墙面、墙裙（指高度在 1.5m 以内）抹灰工程量按 m² 计算，扣除门窗洞口、空圈、腰线、挑檐、门窗套、遮阳板所占的面积，不扣除 0.3m² 以内的孔洞面积，附墙柱的侧壁面积应展开计算，并入相应的墙面抹灰工程量内。门窗洞口及孔洞侧壁面积已综合考虑在项目内，不再另行计算。

外墙抹灰面积计算公式为：

$$外墙抹灰面积 = 外墙长 × 外墙高 - 门窗洞口、空圈、腰线、挑檐、门窗套、遮阳板面积 + 附墙柱侧壁展开面积 \tag{2-48}$$

式中　外墙长——外墙外边线长；

外墙高——有挑檐天沟，由室外地坪算至挑檐底（图 2-108a）；无挑檐天沟，由室外设计地坪算至压顶底（图 2-108b）；坡屋顶有檐口顶棚者，由室外设计地坪算至檐口底（图 2-108c）。

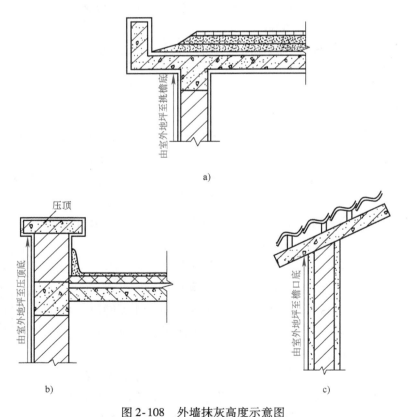

图 2-108　外墙抹灰高度示意图

a）有挑檐天沟者　b）无挑檐天沟者　c）坡屋顶有檐口天棚者

2）女儿墙顶及内侧、暖气沟、化粪池的抹灰工程量，以展开面积按墙面抹灰相应项目计算。突出墙面的女儿墙压顶，其压顶部分应以展开面积按普通腰线项目计算。

3）普通腰线指突出墙面 1～2 道棱角线（图 2-109a），复杂腰线指突出墙面 3～4 道棱角线（图 2-109b）（每突出墙面 1 个阳角为 1 道棱角线）。

腰线工程量按展开宽度乘长度以 m² 计算。展开宽度工程量按图示的结构尺寸为准，不增加抹灰厚度。

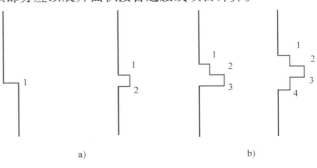

图 2-109　腰线示意图

a）普通腰线示意图　b）复杂腰线示意图

4）天沟、泛水、楼梯或阳台栏板、内外窗台板、空调板、压顶、楼梯侧面和挡水沿、厕所蹲台、水槽腿、锅台、独立的窗间墙及窗下墙、讲台侧面、烟囱帽、烟囱根、烟囱眼、垃圾箱、通风口、上人孔、碗柜及吊柜隔板、小型设备基座等项的抹灰工程量，按相应的普通腰线项目计算。

5）楼梯或阳台栏杆、扶手、池槽、小便池、假梁头、柱帽及柱脚、方（圆）窖井圈、花饰等项的抹灰工程量，按相应的复杂腰线项目计算。

6）挑檐、砖出檐、门窗套、遮阳板、花台、花池、宣传栏、雨篷、阳台等项的抹灰工程量，凡突出墙面 1～2 道棱角线的，按普通腰线项目计算；突出墙面 3～4 道棱角线的，按复杂腰线项目计算。

7）内外窗台板抹灰工程量，如设计图样无规定时，可按窗外围宽度共加 20cm 乘以展开宽度计算，外窗台与腰线连接时，并入相应腰线项目内计算。

8）水泥黑板工程量按框的外围面积计算，黑板边框及粉笔槽抹灰，已考虑在项目内，不再另行计算。

9）拉毛、喷涂、弹涂、滚涂工程量均按实抹（喷）面积以 m² 计算，套用相应项目。

（2）内墙面抹灰

1）内墙面抹灰工程量，按主墙间的图示净长尺寸乘以内墙抹灰高度以 m² 计算。内墙抹灰高度：有墙裙时，其高度按自墙裙顶至顶棚底或板底面之间的距离计算；无墙裙时，其高度按自室内地坪或楼地面算至顶棚底或板底面之间的距离计算，应扣除门窗洞口、空圈所占的面积，不扣除踢脚板、挂镜线、0.3m² 以内的孔洞、墙与构件交接处的面积，洞口侧壁和顶面面积亦不增加，不扣除间壁墙所占的面积。垛的侧面抹灰工程量，应并入墙面抹灰工程量内。

2）内墙裙抹灰面积工程量，按墙裙长度乘以墙裙高度以 m² 计算，应扣除门窗洞口、空圈和 0.3m² 以上的孔洞所占的面积，但不增加门窗洞口、空圈的侧壁和顶面的面积，垛的侧壁面积应并入墙裙内。

3）顶棚有吊顶者，内墙抹灰高度算至吊顶下表面另加 10cm。

（3）独立柱及单梁抹灰

1) 独立柱(图2-110)和单梁的抹灰工程量,应另列项目按展开面积计算,柱与梁或梁与梁的接头面积,不予扣除。

独立柱抹灰工程量计算公式为:

$$S = (a + b) \times 2 \times h \qquad (2\text{-}49)$$

式中 a、b、h——柱结构尺寸。

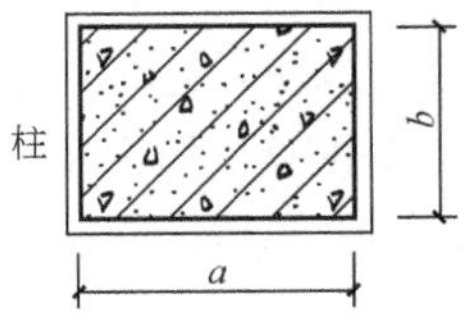

图 2-110 独立柱抹灰示意图

2) 嵌入墙内的过梁、圈梁、构造柱抹灰工程量,不单列项目,并入相应墙面抹灰工程量内计算。

(4) 墙、柱面勾缝

1) 墙面勾缝工程量按墙面投影面积以 m^2 计算,应扣除墙裙和墙面抹灰所占的面积,不扣除门窗洞口及门窗套、腰线等所占的面积,但垛和门窗洞口侧壁的勾缝面积亦不增加。

2) 独立柱、房上烟囱勾缝工程量按图示尺寸以 m^2 计算。

(5) 镶贴块料面层

1) 镶贴各种块料面层的工程量,应按设计图样的实贴面积计算。

2) 墙面贴块料、饰面高度在 300mm 以内者,按踢脚板项目计算。

3) 镶贴瓷砖、面砖块料,如需割角者,以实际切割长度,按延长米计算。

4) 块料面层设计规定的砂浆结合层配合比和厚度,如与项目不同时,砂浆可调整,其他不变。外墙离缝镶贴面砖按缝宽分别套用相应项目,如灰缝与项目取定不同时,其块料及灰缝材料用量可以调整,其他不变。

5) 室内镶贴块料面层不论缝宽如何,均按相应的块料面层项目计算。

6) 镶贴块料零星项目,适用于腰线、挑檐、天沟、窗台线、门窗套、压顶、栏板、扶手、遮阳板、雨篷周边及每个平面面积在 $1m^2$ 以内的镶贴面。

7) 挂贴大理石、花岗岩中其他零星项目的花岗岩、大理石是按成品考虑的,成品花岗岩、大理石柱墩、柱帽按最大外径周长计算。

(6) 墙、柱(梁)饰面

1) 墙、柱(梁)饰面龙骨、基层、面层工程量均按设计图示尺寸以面层外围尺寸展开面积计算。

2) 木龙骨基层是按双向计算的,如设计不同时,按设计用量与定额消耗量的比例调整人工、机械,材料按设计用量加损耗计算。

3) 面层、隔墙(间壁)、隔断(护壁)子目内,除注明者外均未包括压条、收边、装饰线(板),如设计要求时,按 2.4.6 其他工程相应项目使用。

4) 面层、木基层均未包括刷防火涂料,如设计要求时,按 2.4.5 油漆涂料裱糊工程中相应项目使用。

5) 设计的墙、柱(梁)面轻钢龙骨、铝合金龙骨和型钢龙骨型号、规格和间距与定额项目取定不同时,按设计用量与定额消耗量的比例调整人工、机械,材料按设计用量加损耗计算,材料弯弧费另行计算。

（7）隔断、间壁墙

1）隔断、间壁墙工程量按净长乘以净高以 m² 计算，扣除门窗洞口及 0.3m² 以上的孔洞所占的面积。浴厕隔断中门的材质与隔断相同时，门的面积并入隔断面积内，不同时按相应门的制作项目计算。

2）全玻隔断的不锈钢边框工程量按边框展开面积计算。

3）全玻隔断、全玻幕墙如有加强肋者，工程量按其展开面积计算。

4）隔墙（间壁）、隔断（护壁）、幕墙等子目中龙骨型号、间距、规格如与设计不同时，其用量允许调整。

（8）幕墙

1）玻璃幕墙、铝塑板、铝单板幕墙工程量以框外围面积计算。

2）玻璃幕墙设计有平开、推拉窗者，仍使用幕墙项目，窗型材、窗五金相应增加，其他不变。

3）玻璃幕墙中的玻璃按成品考虑，幕墙中的避雷装置、防火隔离层项目中已综合考虑，但幕墙的封边、封顶费用另行计算。

4）弧形幕墙人工乘以系数 1.1 计算，材料弯弧费另行计算。

（9）其他

1）抹灰项目中的界面处理涂刷，可利用相应的抹灰工程量计算。

2）钉钢丝(板)网工程量，按实钉面积以 m² 计算。

3）抹灰分格、嵌缝按相应抹灰面面积计算。

4）墙面毛化处理按毛化墙面面积计算，扣除洞口、空圈，不扣除 0.3m² 以内的空洞面积。

5）混凝土基层打磨按混凝土墙面面积计算，扣除洞口、空圈，不扣除 0.3m² 以内的空洞面积。

6）大模板墙面穿墙螺栓堵眼按混凝土墙面单面面积计算，扣除洞口、空圈，不扣除 0.3m² 以内的空洞面积。

2.4.3　顶棚工程

本分部工程中主要包括顶棚抹灰、顶棚吊顶及顶棚中的一些其他装饰工程。

1. 顶棚抹灰

（1）说明

1）顶棚抹灰按手工操作，施工方法不同时，不作调整。

2）顶棚抹灰石灰砂浆项目按中级抹灰标准取定，抹灰标准见 2.4.2 墙柱面工程中说明第 1）条，普通抹灰按相应项目人工乘以系数 0.8，高级抹灰按相应项目人工乘以系数 1.25，其他不变。

3）项目中的抹灰砂浆种类、配合比及厚度是根据现行规范、标准设计图集及各地区一般采用的施工做法综合确定的，如设计采用的砂浆种类、配合比及厚度与项目取定不同时，可根据规定进行调整。

4) 装饰线是指突出抹灰面所起的线脚, 每突出1个棱角为1道灰线, 檐口滴水槽不作为突出抹灰面线脚。

5) 项目内已包括顶棚基层浇水湿润的工料, 不包括基层涂刷素水泥浆或界面处理剂, 设计有要求时, 按2.4.2墙柱面工程相应项目套用。

(2) 工程量计算规则

1) 顶棚抹灰工程量按主墙间的净空面积计算, 有坡度及拱形的顶棚, 按展开面积计算, 带有钢筋混凝土梁的顶棚, 梁的侧面抹灰面积, 并入顶棚抹灰工程量内。

2) 计算顶棚抹灰面积时, 不扣除间壁墙、垛、柱、附墙烟囱、附墙通风道、检查孔、管道及灰线等所占的面积。

3) 带密肋的小梁及井字梁的顶棚抹灰工程量, 以展开面积计算, 执行混凝土顶棚抹灰项目, 每100m² 增加4.14工日。

4) 檐口顶棚的石灰砂浆抹灰工程量并入相应的顶棚抹灰工程量内。

5) 楼梯底面抹灰, 并入相应的顶棚抹灰工程量内计算。楼梯(包括休息平台)底面积工程量按其水平投影面积计算, 平板式乘以系数1.3计算, 踏步式乘以系数1.8计算, 如图2-111所示。

6) 阳台、雨篷、挑檐下抹灰工程量按顶棚抹灰计算规则计算。

7) 抹灰项目中的界面处理涂刷, 可利用相应的抹灰工程量计算。

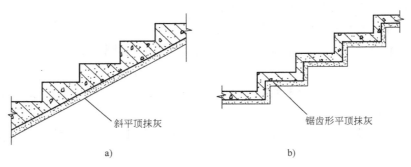

斜平顶抹灰   锯齿形平顶抹灰

a)   b)

图2-111 楼梯底面抹灰示意图

a) 平板式 b) 踏步式

2. 吊顶

(1) 说明

1) 本分部工程中, 除部分项目为龙骨、基层、面层合并列项外, 其余均按顶棚龙骨、基层、面层分别列项编制。

2) 龙骨、吊筋的种类、间距、规格和基层、面层材料的型号、规格是按常用材料和常用做法考虑的, 如设计要求不同时, 材料可以调整, 但人工、机械不变。若龙骨需进行处理(如煨曲线等), 其加工费另行计算。

3) 顶棚面层在同一标高者为平面顶棚, 顶棚面层不在同一标高者为跌级顶棚, 跌级顶棚其基层、面层按相应项目人工乘以系数1.1计算。

4) 平面顶棚和跌级顶棚项目中不包括灯光槽的制作安装, 灯光槽制作安装应按本部分相应子目套用。艺术造型顶棚项目中已包括灯光槽的制作安装。

5）龙骨、基层、面层的防火处理按 2.4.5 油漆、涂料、裱糊工程中相应项目套用。

6）顶棚检查孔的工料已包括在项目内，面层材料不同时，另增加材料费，其他不变。

7）轻钢龙骨、铝合金龙骨项目中为双层结构（即中、小龙骨紧贴大龙骨底面吊挂），如为单层结构（中、小龙骨底面在同一水平上）时，人工乘以系数 0.85。

8）铝塑板面层压边指铝塑板铣边后搭接固定在龙骨（基层）上。

（2）工程量计算规则

1）各种吊顶顶棚龙骨工程量按主墙间净空面积计算，不扣除间壁墙、检查孔、附墙烟囱、柱、垛和管道所占的面积。龙骨、基层、面层合并列项的项目，计算规则相同。

2）顶棚基层工程量按展开面积计算。

3）顶棚装饰面层工程量按主墙间实钉（胶）面积以 m^2 计算，不扣除间壁墙、检查孔、附墙烟囱、垛和管道所占的面积，应扣除 $0.3m^2$ 以上的孔洞、独立柱、灯槽及与顶棚相连的窗帘盒所占的面积。

4）灯光槽工程量按延长米计算。

5）网架顶棚、雨篷工程量按水平投影面积计算。

6）嵌缝工程量按 m^2 计算。

2.4.4　门窗工程

1. 普通门窗

（1）说明

1）木材木种分类。

一类：红松、水桐木、樟子松。

二类：白松（云杉、冷杉）、杉木、杨木、柳木、椴木。

三类：青松、黄花松、秋子松、马尾松、东北榆木、柏木、苦楝木、梓木、黄菠萝、椿木、楠木、柚木、樟木。

四类：栎木（柞木）、檀木、槐木、荔木、麻栗木、桦木、荷木、水曲柳、华北榆木、榉木、橡木、核桃木、枫木、樱桃木。

2）木材断面或厚度均以毛料为准。如设计断面或厚度为净料时，应增加刨光损耗：板方材一面刨光加 3mm，二面刨光加 5mm，圆木刨光按每立方米增加 $0.05m^3$ 计算。

3）凡注明门窗框、扇料断面允许换算者，应按设计规定断面换算，其他不变。

4）普通木门窗框、工业木窗框制作、安装，是按不带披水条编制的。如设计规定带披水条者，应另列项目计算。

5）门窗玻璃厚度和品种与设计规定不同时，应按设计规定换算，其他不变。

6）木窗扇制作、安装，不分平开、中转、推拉或翻窗扇，均按普通木窗扇制作、安装项目计算。

7）普通木门扇制作、安装，其名称区分如下：

① 全部用冒头结构，全部镶板者，称"全镶板门扇"。

② 全部用冒头结构，每扇二至三个中冒头，镶一块玻璃、二块木板或镶一块玻璃、三块木板者，称"玻璃镶板门扇"。

③ 全部用冒头结构，全部钉企口木板，板面起三角槽或门扇带木斜撑者，称"全拼板门扇"。

④ 全部用冒头结构，每扇二至三个中冒头或带木斜撑，上部装一块玻璃，下部钉二至三块企口木板，板面起三角槽者，称"玻璃拼板门扇"。

⑤ 全部用冒头结构，每扇一个中冒头，中冒头以上装玻璃，以下装木板者，称"半截玻璃门扇"。

8）普通成品木门窗需安装时，按相应制安项目中安装子项目计算，成品门窗价格按实计入，其他不变。

（2）工程量计算规则

1）木门窗。木门窗工程工程量计算，根据实际情况，可考虑计算制作、安装、运输工程量。

① 普通木门窗框及工业窗框分制作和安装项目，以设计框长每100m为计算单位，分别按单、双裁口项目计算。余长和伸入墙内部分及安装用木砖已包括在项目内，不再另行计算。若设计框料断面与附注规定不同时，项目中烘干木材用量应按比例换算，其他不变，换算时以立边断面为准。

[例2-31] 有一普通木窗，为带亮三开扇，每樘框外围尺寸为宽1.48m，高1.98m（当中有中立槛及中横槛），边框为双裁口，毛料断面为64cm^2，项目规定断面为45.6cm^2，烘干木材为0.553m^3/100m。按比例换算烘干木材用量。

[解] 每樘框料总长为：$(1.48 + 1.98)$ m×3 = 10.38m

断面换算比例为：64m^3/45.6m^3×100% = 140.35%

烘干木材换算为：0.553m^3/100m×140.35% = 0.776m^3/100m

② 普通木门窗扇、工业窗扇等有关项目分制作和安装，以100m^{2}扇面积为计算单位。如设计扇料边框断面与附注规定不同时，项目中烘干木材含量，应按比例换算，其他不变。

③ 普通木门窗、工业木窗，如设计规定为部分框上安玻璃者，扇的制作、安装与框上安玻璃的工程量应分别列项计算，框上安玻璃的工程量应以安装玻璃部分的框外围面积计算。

④ 工业窗扇制作、安装分中悬窗扇和平开窗扇。如设计规定为部分中悬窗扇、部分平开窗扇时，应分别列项计算。

⑤ 木天窗扇制作、安装工程量按工业窗扇相应项目计算。

⑥ 天窗木框架（包括横档木及小立木）制作、安装工程量，以立方米竣工木料为单位计算。天窗上、下封口板按实钉面积计算。

⑦ 木百叶窗制作、安装工程量按框外围面积计算，项目中已包括窗框工料。

⑧ 门连窗的窗扇和门扇制作、安装应分别列项计算，但门窗相连的框可并入木门框工程量内，按普通木门框制作、安装项目计算。

⑨ 凡购买成品门者，按樘分别计算，列入相应项目内。

2）普通钢门窗上安玻璃按框外围面积计算。当钢门仅有部分安玻璃时，按安玻璃部分的框外围面积计算。

3）钢门窗安装工程量按框外围面积计算。

4）窗台板工程量按实铺面积计算，如图样中未注明窗台板长度和宽度时，窗台板长度可按窗框的外围宽度两边共加 10cm 计算，窗台板宽度计算中，凸出墙面的宽度按抹灰面外加 5cm 计算。

5）窗披水条分为框带披水条和另钉披水条两种，均以 m 为单位计算（图 2-112）。

2. 装饰门窗

（1）说明

1）铝合金门窗制作、安装项目不分现场或施工企业附属加工厂制作，均使用本项目。

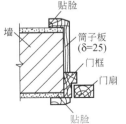

图 2-112　披水示意图

2）装饰板门扇制作安装按木骨架、基层、饰面板面层分别计算。

3）成品门窗安装项目中，门窗附件按包含在成品门窗单价内考虑；铝合金门窗制作、安装项目中未含五金配件，五金配件另按定额规定计算。

4）石材门窗套干挂按 2.4.2 墙柱面工程石材零星项目计算。

（2）工程量计算规则

1）铝合金门窗制作、安装，成品铝合金门窗、彩板门窗、塑钢门窗安装工程量均按洞口面积以 m² 计算；纱扇制作、安装工程量按纱扇外围面积计算。

2）卷闸门安装工程量按其安装高度乘以门的实际宽度以 m² 计算，安装高度按洞口高度加 600mm 计算；带卷筒罩的按展开面积增加。电动装置安装以套计算，小门安装以个计算，若卷闸门带小门时，小门面积不扣除。不锈钢、镀锌板网卷帘门执行铝合金卷帘门子目，主材换算调整，其他不变。

3）防盗门、防盗窗、百叶窗、对讲门、钛镁合金推拉门、无框全玻门、带框全玻门、不锈钢格栅门工程量按框外围面积以 m² 计算。

4）成品防火门、防火窗工程量以框外围面积计算，防火卷帘门工程量从地（楼）面算至端板顶点乘设计宽度以 m² 计算。

5）实木门框制作、安装工程量以延长米计算；实木门扇制作、安装及装饰门扇制作工程量按扇外围面积计算；装饰门扇及成品门扇安装工程量按扇计算。

6）木门扇皮制隔声面层和装饰板隔声面层工程量，按单面面积计算。

7）成品门窗套工程量按洞口内净尺寸分别不同宽度以延长米计算。

8）不锈钢板包门框、门窗套、花岗岩门套、门窗筒子板工程量按展开面积计算。

9）门窗贴脸工程量按门窗框的外围长度以 m 计算。双面钉贴脸者应加倍计算（图 2-113）。

10）窗帘盒和窗帘轨道按图示尺寸以 m 计算，如设计无规定时，可按窗框的外围宽度两边共加 30cm 计算。

11）电子感应自动门、全玻转门及不锈钢电动伸缩门以樘为单位计算。

12）门扇铝合金踢脚板安装工程量以踢脚板净面积计算。

13）窗帘工程量按设计图示尺寸以 m² 计算。

2.4.5 油漆、涂料、裱糊工程

1. 说明

1）本分部工程中，涂刷油漆、涂料均采用手工操作；喷塑、喷涂采用机械操作，操作方法不同时，不作调整。

2）油漆浅、中、深各种颜色已综合在项目内，颜色不同，不另调整。

3）本部分项目在同一平面上的分色及门窗内外分色已综合考虑，如需做美术图案者，另行计算。

4）项目内规定的喷、涂、刷遍数与设计要求不同时，可按每增加一遍项目进行调整。

5）门窗贴脸、披水条、盖口条的油漆已综合在相应项目内，不再另行计算。

6）项目中的单层木门窗刷油按双面刷油考虑，如采用单面刷油，其项目含量乘以 0.49 计算。

2. 工程量计算规则

1）木材面油漆工程量，区分不同刷油部位，按表 2-25～表 2-28 各类工程量系数以 m² 或 m 计算。

① 按单层木窗项目计算工程量的系数（即多面涂刷按单面面积计算工程量），见表 2-25。

表 2-25 按单层木窗项目计算工程量的系数表

	项　　　目	系　　数	计 算 方 法
1	单层木窗或部分带框上安玻璃	1.00	
2	单层木窗带纱扇	1.40	
3	单层木窗部分带纱扇	1.28	
4	单层木窗部分带纱扇部分带框上安玻璃	1.14	
5	木百叶窗	1.46	框外围面积
6	双层木窗或部分带框上安玻璃（双裁口）	1.60	
7	双层框扇（单裁口）木窗	2.00	
8	双层框三层（二玻一纱）木窗	2.60	
9	单层木组合窗	0.83	
10	双层木组合窗	1.13	

② 按单层木门项目计算工程量的系数（即多面涂刷按单面面积计算工程量），见表 2-26。

表 2-26　按单层木门项目计算工程量的系数表

	项　目	系　数	计算方法
1	单层木板门或单层玻璃镶板门	1.00	框外围面积
2	单层全玻璃门、玻璃间壁、橱窗	0.83	
3	单层半截玻璃门	0.95	
4	纱门扇及纱亮子	0.83	
5	半截百叶门	1.53	
6	全百叶门	1.66	
7	厂库房大门	1.10	
8	特种门（包括冷藏门）	1.00	
9	双层（单裁口）木门	2.00	
	双层（一玻一纱）木门	1.36	

③ 按木扶手（不带托板）项目计算工程量的系数（即多面涂刷按延长米计算工程量），见表 2-27。

表 2-27　按木扶手（不带托板）项目计算工程量的系数表

	项　目	系　数	计算方法
1	木扶手（不带托板）	1.00	延长米
2	木扶手（带托板）	2.50	
3	窗帘盒	2.00	
4	封檐板、搏风板	1.70	
5	挂衣板、黑板框、单独木线条 100mm 以外	0.50	
6	挂镜线、窗帘棍、单独木线条 100mm 以内	0.40	

④ 按其他木材面项目计算工程量系数（即单面涂刷按单面面积计算工程量），见表 2-28。

表 2-28　按其他木材面项目计算工程量系数表

	项　目	系　数	计　算　方　法
1	木板、胶合板、纤维板顶棚	1.00	长×宽
2	清水板条檐口顶棚	1.10	
3	吸声板墙面或顶棚面	0.87	
4	木方格吊顶顶棚	1.20	
5	鱼鳞板墙	2.40	
6	暖气罩	1.30	
7	木窗台板、筒子板、盖板、门窗套、踢脚板	0.83	
8	木护墙、木墙裙	0.90	
9	屋面板(带檩条)	1.10	斜长×宽
10	壁柜、衣柜	1.00	实刷展开面积
11	方木屋架	1.77	跨度×中高×1/2
12	木间壁、木隔断	1.90	单面外围面积
13	玻璃间壁露明墙筋	1.65	
14	木栅栏、木栏杆(带扶手)	1.82	
15	零星木装修	0.87	展开面积
16	梁柱饰面	1.00	

2) 金属面油漆工程量，区分不同刷油部位，按表 2-29 工程量系数以 m^2 或 t 计算。

① 按单层钢门窗项目计算工程量的系数(略)。

② 按其他金属面油漆项目计算工程量的系数，见表 2-29。

表 2-29　按其他金属面油漆项目计算工程量系数表

	项　目	系　数	计　算　方　法
1	钢屋架、天窗架、挡风架、托架梁、支撑、檩条	1.00	以质量计算
2	钢墙架	0.70	
3	钢柱、吊车梁、花式梁、柱	0.60	
4	钢操作台、走台、制动梁、车挡	0.70	
5	钢栅栏门、栏杆、窗栅	1.70	
6	钢爬梯及踏步式钢扶梯	1.20	
7	轻型钢屋架	1.40	
8	零星铁件	1.30	

③ 按镀锌铁皮面油漆项目计算工程量系数（略）。

④ 金属结构防火涂料以不同涂料厚度按构件的展开面积以 m^2 计算。金属构件面积折算表见表 2-30。

表 2-30　金属构件面积折算表

序　号	项 目 名 称	单　位	折算面积/m^2
1	钢屋架、支撑、檩条	t	38
2	钢梁、钢柱、钢墙架	t	38
3	钢平台、操作台	t	27
4	钢栅栏门、栏杆	t	65
5	钢踏步梯、爬梯	t	45
6	零星铁件	t	50
7	钢球形网架	t	28

3) 抹灰面油漆、涂料，喷（刷）工程量可按相应的抹灰工程量计算。

4) 混凝土栏杆花饰刷浆工程量按单面外围面积乘以系数 1.82 计算。

5) 项目中的隔墙、护壁、柱、顶棚木龙骨及木地板中木龙骨带毛地板，刷防火涂料工程计算规则如下：

① 隔墙、护壁木龙骨工程量按其面层正立面投影面积计算。

② 柱木龙骨工程量按其面层外围面积计算。

③ 顶棚木龙骨、金属龙骨工程量按其面层水平投影面积计算。

④ 木地板中木龙骨及木龙骨带毛地板工程量按地板面积计算。

6) 隔墙、护壁、柱、顶棚面层及木地板刷防火涂料，执行其他木材面刷防火涂料相应子目。

7) 木楼梯（不包括底面）油漆工程量，按水平投影面积乘以系数 2.3，执行木地板相应子目。

8) 贴墙纸工程量按实贴面积以 m^2 计算。

2.4.6　其他工程

1. 说明

1) 本部分项目在实际施工中使用的材料品种、规格与项目取定不同时，可以换算，但人工、机械不变。

2) 项目中铁件已包括刷防锈漆一遍，如设计需涂刷油漆、防火涂料按 2.4.5 节油漆、涂料、裱糊工程中相应项目使用。

3) 招牌基层。

① 平面招牌是指安装在门前的墙面上；箱体招牌、竖式标箱是指六面体固定在墙面上；

沿雨篷、檐口、阳台走向立式招牌，按平面招牌复杂项目使用。

② 一般招牌和矩形招牌是指正立面平整无凸面，复杂招牌和异形招牌是指正立面有凹凸造型。

③ 招牌的灯饰均不包括在项目内。

4）美术字均以成品安装为准，不分字体均使用本项目。

5）木装饰线、石膏装饰线、石材装饰线均以成品安装为准，石材装饰线磨边、磨圆角均包括在成品的单价中，不再另行计算。

6）石材磨边、磨斜边、磨半圆边及台面开孔子目均为现场磨制。

7）装饰线条以墙面上直线安装为准，如顶棚安装直线形、圆弧形或其他图案者，均应乘相应系数。

8）暖气罩，挂板式是指钩挂在暖气片上，平墙式是指凹入墙内，明式是指凸出墙面，半凹半凸式按明式子目使用。

9）货架、柜类项目中未考虑面板拼花及饰面板上贴其他材料的花饰、造型艺术品。

2. 工程量计算规则

1）货架、柜橱类工程量均以正立面的高（包括脚的高度在内）乘以宽度以 m² 计算，其余按延长米计算。

2）收银台、试衣间工程量以个计算。

3）暖气罩（包括脚的高度在内）工程量按边框外围尺寸垂直投影面积计算，成品暖气罩安装按个计算。

4）大理石洗漱台工程量以台面展开面积计算（不扣除孔洞面积）。

5）塑料镜箱、毛巾环、肥皂盒、金属帘子杆、浴缸拉手、毛巾杆、洗手盆无障碍扶手、坐便器无障碍扶手安装以只或副计算。

6）台面开孔工程量按个计算。

7）镜面玻璃安装、盥洗室木镜箱工程量以正立面面积计算。

8）压条、装饰线条工程量均按延长米计算。成品装饰柱按根计算。

9）挂镜线（图 2-114）按米计算，如与门窗贴脸或窗帘盒连接时，应扣除门窗框宽度或窗帘盒的长度。

10）不锈钢旗杆工程量以延长米计算。

11）招牌、灯箱。

① 平面招牌基层工程量按正立面面积计算，复杂型的凹凸造型部分不增减。

② 沿雨篷、檐口或阳台走向的立式招牌基层，使用平面招牌复杂型子目时，按展开面积计算。

③ 箱体招牌和竖式标箱的基层工程量按外围面积计算。突出箱外的灯饰、店徽及其他艺术装潢等另行计算。

④ 灯箱的面层工程量按展开面积以 m² 计算。

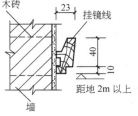

图 2-114 挂镜线示意图

⑤ 广告牌钢骨架工程量以 t 为单位计算。

12) 美术字安装按字的最大外围矩形面积以个计算。

13) 水钻打孔、膨胀螺栓及化学胀栓安装以个计算。

14) 黑板按边框的外围尺寸以投影面积计算。

15) 木搁板工程量按图示板面尺寸以 m^2 计算，如用钢托架时，钢托架应另行计算。

16) 木格踏板工程量按图示尺寸以 m^2 计算。

17) 木花格工程量分方木和板式以 m^2 计算。

2.4.7　脚手架工程

1. 说明

1) 本项目包括外墙面装饰脚手架、满堂脚手架、简易脚手架、内墙面装饰脚手架、活动脚手架、电动吊篮、型钢悬挑脚手架等。

2) 本部分脚手架是以扣件式钢管脚手架、木脚手板为主编制的，适用于装饰装修工程。

3) 本部分脚手管、扣件、底座、工具式活动脚手架、电动吊篮，均按租赁及合理的施工方法、合理工期编制的，租赁材料往返运输所需要的人工和机械台班已包括在相应的项目内。

4) 外墙面装饰脚手架是按外墙装饰高度编制的。外墙装饰高度以设计室外地坪作为计算起点，装饰高度按以下规定计算：

① 平屋顶带挑檐的，算至挑檐板结构顶标高。

② 平屋顶带女儿墙的，算至女儿墙顶。

③ 坡屋面或其他曲面屋顶算至墙中心线与屋面板交点的高度，山墙按山墙平均高度计算。

④ 屋顶装饰架与外墙同立面（含水平距外墙 2m 以内范围），并与外墙同时施工，算至装饰架顶标高。

上述多种情况同时存在时，按最大值计取。

5) 顶棚装饰工程，高度超过 3.6m 时，计算满堂脚手架。

6) 本部分租赁时间是按一般装修确定的，中级装修租赁材料、租赁机械消耗量乘以系数 1.10，高级装修租赁材料、租赁机械消耗量乘以系数 1.20 计算。一般装修、中级装修、高级装修的划分标准见表 2-31。

表 2-31　装修标准

项　目	一　般	中　级	高　级
墙面	勾缝、水刷石、干粘石、一般涂料、抹灰、刮腻子	贴面砖、高级涂料、贴壁纸、镶贴石材、木墙裙	干挂石材、铝合金条板、锦缎软包、镶板墙面、幕墙、金属装饰板、造形木墙裙、木装饰板
顶棚	一般涂料	高级涂料、吊顶、壁纸	造形吊顶、金属吊顶

7）外墙面装饰利用主体工程脚手架时，按相应外墙面脚手架项目计算，其中人工乘以系数0.20计算，取消机械台班，其余不变。

8）外墙面脚手架、吊篮脚手架项目均是按包括外墙外保温安装、保温抹灰、外墙装饰工作内容编制的，如果外墙外保温板安装不使用外墙面脚手架、吊篮脚手架，仅保温抹灰、外墙面装饰使用外墙面脚手架、吊篮脚手架，按相应外墙面脚手架、吊篮脚手架项目乘以系数0.7计算，其余不变。

9）内墙（柱）面装饰装修高度超过1.2m，按内墙装饰装修相应脚手架计算。

2. 工程量计算规则

1）装饰装修外脚手架

① 装饰装修外脚手架工程量按外墙的外边线长乘墙高以 m^2 计算，不扣除门窗洞口的面积。

② 同一建筑物各外墙的高度不同，应分别计算工程量。

2）独立柱按柱周长增加3.6m乘柱高套用装饰装修外脚手架相应高度的子目。

3）室内地坪或楼面至装饰顶棚高度在3.6m以内的抹灰顶棚、钉板顶棚、吊顶顶棚的脚手架按顶棚简易脚手架计算；室内地坪或楼面至装饰顶棚高度超过3.6m的抹灰顶棚、钉板顶棚、吊顶顶棚的脚手架按满堂脚手架计算，工程量按室内净面积以 m^2 计算。屋面板底勾缝、喷浆及屋架刷油的脚手架按活动脚手架计算，其工程量按室内净面积以 m^2 计算。

4）满堂脚手架按不同的高度套用。满堂脚手架高度以室内地坪或楼面至顶棚底面为准，无吊顶顶棚的算至楼板底，有吊顶顶棚的算至顶棚的面层，斜顶棚按平均高度计算。计算满堂脚手架后，室内墙柱面装饰工程不再计算脚手架。

5）内墙、柱面装饰工程脚手架工程量，内墙面按墙面垂直投影面积计算，不扣除门窗洞口的面积，柱面按柱的周长加3.6m乘以高度计算。高度在3.6m以内时，按墙面简易脚手架计算；高度超过3.6m未计算满堂脚手架时，按相应高度的内墙面装饰脚手架计算。

6）电动吊篮脚手架工程量按外墙装饰面积计算，不扣除门窗洞口面积。

7）滑升模板施工的建筑物装饰脚手架按内装饰脚手架和电动吊篮脚手架有关规定计算。

8）围墙勾缝、抹灰脚手架按墙面垂直投影面积计算，套用墙面简易脚手架；挡土墙勾缝、抹灰如不能利用砌筑脚手架时按墙面垂直投影面积计算，套用墙面简易脚手架。

9）高度3.6m以内的铁栏杆油漆脚手架计算一次简易墙面脚手架。

2.4.8 垂直运输及超高增加费

1. 说明

1）建筑物装饰装修工程垂直运输费和超高增加费是以建筑物的檐高及层数两个指标同时界定的，凡檐高达到上限而层数未达到的以檐高为准；如层高达到上限而檐高未达到时，以层数为准。

2）建筑物檐高以设计室外地坪标高作为计算点，建筑物檐高按下列方法计算，凸出屋面的电梯间、水箱间、亭台楼阁等均不计入檐高内。

① 平屋顶带挑檐的，算至挑檐板结构下皮标高。

② 平屋顶带女儿墙的，算至屋顶结构板上皮标高。

③ 坡屋面或其他曲面屋顶均算至墙（非山墙）的中心线与屋面板交点的高度。

3）项目工作内容包括单位工程在合理工期内完成本定额项目所需的垂直运输机械台班，不包括机械场外往返运输、一次安拆等费用。

4）同一建筑物多种檐高时，建筑物檐高均应以该建筑物最高檐高为准。

5）单独分层承包的室内装饰装修工程，以施工的最高楼层的层数为准。

6）垂直运输费。

① 带地下室的建筑物以 ±0.00 为界分别套用 ±0.00 以下及以上的项目。无地下室的建筑物套用 ±0.00 以上相应项目。

② 檐口高度在 3.60m 以内的单层建筑物，不计算垂直运输机械费。檐口高度在 3.60m 以上的单层建筑物，按 ±0.00 以上相应项目乘以系数 0.5 计算。

③ 单独的地下建筑物套用 ±0.00 以下的相应项目。

④ 层高小于 2.2m 的技术层不计算层数，其装饰装修工程量并入总工程量计算。

⑤ 二次装饰装修工程利用电梯或通过楼梯人力进行垂直运输的按实计算。

7）超高增加费。

① 本项目适用于建筑物檐高 20m 以上或层数超过 6 层的装饰装修工程。

② 超高增加费综合了超高施工人工、垂直运输、其他机械降效等费用。

③ 20m 所对应楼层的工程量并入超高费工程量，20m 所对应的楼层按下规定套用定额：

a. 20m 以上到本层顶板高度在本层层高 50% 以内时，按相应超高项目乘以系数 0.50 套用定额。

b. 20m 以上到本层顶板高度在本层层高 50% 以上时，按相应超高项目套用定额。

2. 工程量计算规则

（1）垂直运输工程量　装饰装修工程垂直运输工程量，区分建筑物的檐高或层数、±0.00 以下及以上，按装饰装修实体和脚手架的人工工日计算。±0.00 对应楼层的地面工程量并入 ±0.00 以上部分的工程量计算。

（2）超高增加费工程量　装饰装修超高增加费工程量，以建筑物的檐高超过 20m 或层数超过 6 层以上部分的装饰装修实体项目和脚手架的人工费与机械费之和为基数，按檐口高度或层数套用相应项目。

2.4.9　其他可竞争措施项目

其他可竞争措施项目费用，在招投标中是一项可竞争的费用，其百分率可根据需要适当调整。其他可竞争措施项目主要包括以下几方面内容：

1）生产工具用具使用费，指施工生产所需不属于固定资产的生产工具及检验用具等的购置、摊销和维修费，以及支付给工人的自备工具补贴费。

2）检验试验配合费，指配合工程质量检测机构取样、检测所发生的费用。

3）冬期施工增加费，指当地规定的取暖期间施工所增加的工序、劳动工效降低、保温、加热的材料、人工和设施费用，不包括暖棚搭设、外加剂和冬期施工需要提高混凝土和砂浆强度所增加的费用，发生时另计。

4）雨季施工增加费，指冬季以外的时间施工所增加的工序、劳动工效降低、防雨的材料、人工和设施费用。

5）夜间施工增加费，指合理工期内因施工工序需要必须连续施工而进行的夜间施工发生的费用，包括照明设施的安拆费、劳动降效、夜餐补助费用和白天施工的照明费，不包括建设单位要求赶工而采用夜班作业施工所发生的费用。

6）二次搬运费，指确因施工场地狭小，或由于现场施工情况复杂，工程所需要材料、成品、半成品堆放点距建筑物（构筑物）近边在 150m 至 500m 范围内时，不能就位堆放时而发生的二次搬运费，不包括自建设单位仓库至工地仓库的搬运以及施工平面布置变化所发生的搬运费用。

7）临时停水停电费，指施工现场临时停水、停电每周累计 8 小时以内的人工、机械停窝工损失补偿费用。

8）成品保护费，指为保护工程成品完好所采取的措施费用。

9）场地清理费，指建筑物正常施工中造成的全部垃圾清理至建筑物外墙 50m 范围以内（不包括外运）的费用。

工程量计算规则为：

1）本部分中未包括而工程施工现场发生的其他措施性费用，可按实际发生或批准的施工组织设计计算。

2）本部分项目以实体项目和脚手架工程、垂直运输及超高增加费项目中的人工费和机械费之和为计算基数。

3）以上9项费用按建设工程项目的实体和可竞争措施项目（9）项费用除外中人工费与机械费之和乘以相应系数计算。

4）生产工具用具使用费、检验试验配合费、夜间施工增加费、二次搬运费、临时停水停电费、成品保护费、场地清理费是全年摊销测算的。

5）冬（雨）期施工增加费，施工期不足冬（雨）期规定天数 50% 的按 50% 计取；施工期超过冬（雨）期规定天数 50% 的按全部计取。

2.4.10　不可竞争措施项目

1）不可竞争措施项目包括安全防护、文明施工费。

安全防护、文明施工费指为完成工程项目施工，发生于该工程施工前和施工过程中的用于安全生产、环境保护、临时设施、文明施工的非工程实体的措施项目费用，已包括安全网、防护架、密目网等所发生的费用。

临时设施费是指承包人为进行工程施工所必需的生活和生产用的临时建筑物、构筑物和其他临时设施的搭设、维修、拆除、摊销费用。临时设施包括临时宿舍、文化福利及公用事业房屋与构筑物，仓库、办公室、加工厂以及规定范围内道路、水、电、管线等临时设施和小型临时设施。

2）安全防护、文明施工措施费分基本费和增加费两部分。

基本费是按照工程所在地在市区、县城区域内，不临路编制的。如工程不在市区、县城区域内的，乘以系数0.97计算；工程每一面临路的，增加3%的费用。临路是指建筑物立面距道路最近便道（无便道时，以慢车道为准）外边线在50m范围内。

3）安全防护、文明施工费的基本费、增加费均以直接费（含人工、材料、机械调整，不含安全生产、文明施工费）、企业管理费、利润、规费、价款调整之和作为计取基数。

4）安全生产、文明施工费分不同阶段按下列规定计取：

① 基本费在编制标底或最高限价、报价时按本单元给定的费率及调整系数计算，竣工结算时按照造价管理机构测定的费率进行调整。

② 增加费在编制标底或最高限价、报价时按最高费率计算，竣工结算时按照造价管理机构测定的费率进行调整。

课题5 建筑及装饰装修工程造价计算

2.5.1 工料分析

施工图预算是以货币形式表现单位工程中各分部分项工程的工程量及其预算价值，它不能直观地反映出各分部分项工程所需的人工、材料预算使用量，通过对分部分项工程进行工料分析，编制工料分析表，可以直观地确定各分部分项工程的人工、材料预算使用量。

1. 工料分析的作用

1）工料分析是施工企业编制生产计划，调配劳动力的依据。

2）工料分析是材料部门采购、备料、加工订货的依据。

3）工料分析是财务部门进行两算对比及经济活动分析的依据。

4）工料分析是材料调价的依据。

2. 工料分析的方法

工料分析主要采用填表的方法，即将各分部分项工程的工程量，乘以定额中各分部分项工程所对应的人工、材料使用量，计算出预算用的人工、材料工程量，然后将人工、主要材料进行汇总，填入工料明细表中。表2-32为某单位工程部分分部分项工程的工料分析表，表2-33为某工程主要材料调价表。

表2-32　某单位工程部分分部分项工程工料分析表

单位工程名称：

序号	定额编号	分项工程名称	单位	工程量	人工 /工日	32.5级水泥 /t	中砂 /t	红砖 /千块	碎石 /t
1	A3-1	基础砌砖 M5.0	10m³	3.5	9.740 / 34.09	0.505 / 1.768	3.783 / 13.241	5.236 / 18.326	
2	A3-4	一砖以上墙砌筑 M5.0	10m³	8.3	12.92 / 107.24	0.510 / 4.233	3.818 / 31.689	5.345 / 44.364	
3	A3-29	零星砌体 M5.0	10m³	0.52	20.7 / 10.76	0.452 / 0.235	3.382 / 1.759	5.514 / 2.867	
		分部小计			152.09	6.236	46.689	65.557	
4	A4-5	C20 独立基础	10m³	1.5	10.32 / 15.48	3.283 / 4.925	6.757 / 10.136		13.797 / 20.696
5	A4-16	C20 矩形柱	10m³	2.8	21.21 / 59.39	3.356 / 9.397	7.008 / 19.622		13.387 / 37.484
6	A4-35	C20 平板	10m³	2.12	13.08 / 27.73	3.520 / 7.462	6.950 / 14.734		12.970 / 27.496
		分部小计			102.60	21.784	44.492		85.676
		合计			254.68	28.020	91.181	65.557	85.676

注：分子——分项工程定额消耗量；分母——分项工程材料总消耗量。

表2-33　某工程主要材料调价表

工程名称：

编码	材机名称	单位	数量	预算价/元	市场价/元	价差/元	合计/元
	综合用工	工日	150				
	商品混凝土 C20	m³	50	214	220	6	300.00
	钢筋直径 10mm 以内	t	30	2139.96	3950	1810.04	54301.20
	钢筋直径 20mm 以内	t	25	2176.68	3900	1723.32	43083.00
	钢筋直径 20mm 以上	t	15.250	2173.62	3900	1726.38	26327.30
	32.5 级水泥	t	28.020	240	230	-10	-280.20
	标准砖 240mm×115mm×53mm	千块	65.557	110	125	15	983.36
	中砂	t	90.887	19.53	18	-1.53	-139.06
	碎石	t	83.506	30.36	33	2.64	220.46
	合计						124796.06

注：市场价为各地市造价信息指导价。

2.5.2　工程造价计算

工程造价计算是按一定程序进行的。

建筑工程造价计算程序在全国不尽相同，与当地的预算费用项目组成、取费基数和费率密切相关。一般由省级工程造价主管部门结合本地区具体情况制定，主要包括以下内容：一是拟定费用项目和计算程序；二是拟定取费基础和各项费率。

根据原建设部（现住房和城乡建设部）第 107 号令《建筑工程施工发包与承包计价管理办法》的规定，发包与承包价的计算方法分为工料单价法和综合单价法。

1. 工料单价法计价程序

工料单价法是以分部分项工程的工程量乘以单价后的合计为直接工程费，直接工程费以人工、材料、机械的消耗量及其相应价格确定。直接工程费汇总后另加间接费、利润、税金构成工程承发包价，其计算程序分为三种。

1）以直接费为计算基数，见表 2-34。

表 2-34　以直接费为计算基数

序　号	费 用 项 目	计 算 方 法	备　注
1	直接工程费	按预算表	
2	措施费	按规定标准计算	
3	小计	(1) + (2)	
4	间接费	(3) × 相应费率	
5	利润	((3) + (4)) × 相应利润率	
6	合计	(3) + (4) + (5)	
7	含税造价	(6) × (1 + 相应税率)	

2）以人工费和机械费为计算基数，见表 2-35。

表 2-35　以人工费和机械费为计算基数

序　号	费 用 项 目	计 算 方 法	备　注
1	直接工程费	按预算表	
2	其中人工费和机械费	按预算表	
3	措施费	按规定标准计算	
4	其中人工费和机械费	按规定标准计算	
5	小计	(1) + (3)	
6	人工费和机械费小计	(2) + (4)	
7	间接费	(6) × 相应费率	
8	利润	(6) × 相应利润率	
9	合计	(5) + (7) + (8)	
10	含税造价	(9) × (1 + 相应税率)	

3）以人工费为计算基数，见表 2-36。

表 2-36 以人工费为计算基数

序 号	费 用 项 目	计 算 方 法	备 注
1	直接工程费	按预算表	
2	直接工程费中人工费	按预算表	
3	措施费	按规定标准计算	
4	措施费中人工费	按规定标准计算	
5	小计	(1) + (3)	
6	人工费小计	(2) + (4)	
7	间接费	(6) × 相应费率	
8	利润	(6) × 相应利润率	
9	合计	(5) + (7) + (8)	
10	含税造价	(9) × (1 + 相应税率)	

2. 综合单价法计价程序

综合单价法是以分部分项工程的单价为全费用单价，全费用单价经综合计算后生成，其内容包括直接工程费、间接费、利润和税金(措施费也可按此方法构成全费用价格)。

各分项工程量乘以综合单价的合价汇总后，构成工程承发包价。

由于各分部分项工程中的人工、材料、机械含量的比例不同，各分部分项工程可根据其材料费占人工费、材料费、机械费合计的比例(以字母"C"代表该项比值)将计算程序分为三种计算其综合单价。

1) 当 $C > C_0$(C_0 为本地区原费用定额测算所选典型工程材料费占人工费、材料费、机械费合计的比例)时，可采用以直接费为基数计算该分项的间接费和利润，见表 2-37。

表 2-37 以直接费为计算基数

序 号	费 用 项 目	计 算 方 法	备 注
1	分项直接工程费	人工费 + 材料费 + 机械费	
2	间接费	(1) × 相应费率	
3	利润	((1) + (2)) × 相应利润率	
4	合计	(1) + (2) + (3)	
5	含税造价	(4) × (1 + 相应税率)	

2) 当 $C < C_0$ 值的下限时，可采用以人工费和机械费合计为基数计算该分项的间接费和利润，见表 2-38。

表 2-38　以人工费和机械费为计算基数

序　号	费用项目	计算方法	备　注
1	分项直接工程费	人工费 + 材料费 + 机械费	
2	其中人工费和机械费	人工费 + 机械费	
3	间接费	(2) × 相应费率	
4	利润	(2) × 相应利润率	
5	合计	(1) + (3) + (4)	
6	含税造价	(5) × (1 + 相应税率)	

3）如该分项的直接费仅为人工费，无材料费和机械费时，可采用以人工费为基数计算该分项的间接费和利润，见表 2-39。

表 2-39　以人工费为计算基数

序　号	费用项目	计算方法	备　注
1	分项直接工程费	人工费 + 材料费 + 机械费	
2	直接工程费中人工费	人工费	
3	间接费	(2) × 相应费率	
4	利润	(2) × 相应利润率	
5	合计	(1) + (3) + (4)	
6	含税造价	(5) × (1 + 相应税率)	

单元小结

1. 掌握建筑工程及装饰装修工程施工图预算的编制依据和步骤。进行计算前需查明需要哪些资料及计算思路。

2. 建筑面积的计算规则中，掌握目前国家关于计算建筑面积的范围和不计算建筑面积的范围规定。

3. 掌握建筑工程及装饰装修工程中各分项工程的工程量计算规则。

4. 土建工程造价计算，可按工料单价法计价程序和综合单价法计价程序两种方法进行计算。

复习思考题

2-1　利用坡屋顶内空间时，建筑面积应如何计算？

2-2　局部楼层处的建筑面积应如何计算？

2-3　门厅内设有回廊时，怎样计算建筑面积？

2-4 遇有错层建筑的室内楼梯建筑面积的计算方法是什么？

2-5 建筑物外墙勒脚是否计入建筑面积内？外墙外侧的保温隔热层是否计入建筑面积内？

2-6 请简述混凝土垫层与灰土垫层在挖土时放坡起点有什么不同，放坡系数一样吗？

2-7 一般房间和厨卫房间在计算房心回填土时，可以合并计算吗？

2-8 砖砌体计算中，基础与墙身的分界线在何处？

2-9 请说出在砌体体积计算时，哪些是应该扣除的体积，哪些体积可以不必增加？

2-10 条形基础、柱下独立基础混凝土工程量如何进行计算？

2-11 框架结构中，柱高如何考虑？

2-12 构造柱的混凝土工程量如何计算？

2-13 什么是有梁板、无梁板、平板，其混凝土工程量如何计算？

2-14 现浇钢筋混凝土整体楼梯工程量计算中包括哪些内容？

2-15 现浇钢筋混凝土阳台、雨篷工程量如何计算？

2-16 现浇钢筋混凝土挑檐天沟、栏板工程量如何计算？

2-17 预制混凝土构件制作、运输、安装工程量之间的关系是什么？

2-18 现浇钢筋混凝土工程中钢筋工程量如何计算？

2-19 金属结构构件制作工程量如何计算？

2-20 木门窗、塑钢门窗工程量计算规则是否相同？

2-21 楼地面整体面层、块料面层工程量计算方法是否一样？有何区别？

2-22 楼梯面层工程量如何计算？

2-23 台阶、散水、坡道工程量计算中为什么叫综合项目？

2-24 基础垫层、地面垫层工程量如何计算？

2-25 地面防水工程量如何计算？

2-26 变形缝工程量是否需要计算？

2-27 屋面工程包括哪些工程项目？工程量如何计算？

2-28 抹灰工程中，什么是普通腰线、复杂腰线？

2-29 石灰砂浆抹灰分为几个等级？

2-30 墙柱饰面面层、基层工程量如何计算？

2-31 顶棚抹灰工程量计算中，需考虑哪些内容？

2-32 什么是平面顶棚和跌级顶棚？

2-33 单层建筑物檐高在多少米以内不计算垂直运输费？

2-34 现浇钢筋混凝土悬挑板(雨篷、阳台)模板计算规则是什么？

2-35 满堂脚手架工程量如何计算？

2-36 建筑物自设计室外地坪至檐口滴水线高度超过多少米计算超高增加费？

2-37 建筑工程和装饰装修工程中可竞争措施费项目包括哪些内容？

2-38 什么是工料单价法及综合单价法？其计价程序如何？

单元 3

工程量清单计价方法

单元概述

本单元的主要内容有：工程量清单的基本概念、工程量清单的编制要求、工程量清单计价的概念及基本原理、工程量清单计价的基本方法和程序、工程量清单计价的格式、工程量清单计价的特点及作用。

学习目标

通过本单元的学习，掌握工程量清单和工程量清单计价的概念、工程量清单计价的基本方法和程序，了解工程量清单的编制要求、工程量清单计价的特点及作用、工程量清单计价的规范等内容。

工程量清单计价是改革和完善工程价格管理体制的一个重要组成部分，工程量清单计价方法相对于传统的定额计价方法是一种新的计价模式，或者说，是一种市场定价模式，是由建设产品的买方和卖方在建设市场上根据供求状况、信息状况进行自由竞价，从而最终签订工程合同价格的方法。

工程量清单计价是目前国际上通行的做法，如英联邦等许多国家、地区和世界银行等国际金融组织均采用这种模式。我国加入世界贸易组织（以下简称 WTO）以后，建设市场进一步对外开放，为了引进外资、对外投资和国际间承包工程的需要，采用国际上通行的做法，实行招标工程的工程量清单计价，有利于增进国际间的经济往来，有利于促进我国经济的发展，有利于提高施工企业的管理水平和进入国际市场承包工程。

为了适应我国建设工程管理体制改革以及建设市场发展的需要，规范建设工程各方的计价行为，进一步深化工程造价管理模式的改革，2003 年 2 月 17 日，原建设部以第 119 号公告发布了国家标准《建设工程工程量清单计价规范》（GB 50500—2003）。"03 规范"的实施，为推行工程量清单计价，建立市场形成工程造价的机制奠定了基础。但是"03 规范"主要侧重于工程招投标的工程量清单计价，对工程合同签订、工程计量与价款支付、合同价款调整、索赔和竣工结算等方面缺乏相应的规定。为此，原建设部标准定额司从 2006 年开始，组织有关单位对"03 规范"的正文部分进行了修订。2008 年 7 月 9 日，住房城乡建设部以第 63 号公告，发布了《建设工程工程量清单计价规范》（GB 50500—2008）。"08 规范"实施以来，对规范工程实施阶段的计价行为起到了良好的作用，但由于附录没有修订，还存在有待完善的地方。

　　为了进一步适应建设市场的发展和健全、完善计价规范，2009年6月5日，标准定额司根据住房城乡建设部《关于印发＜2009年工程建设标准规范制订、修订计划＞的通知》，组织有关单位进行"08规范"的修订，并于2012年6月完成了国家标准《建设工程工程量清单计价规范》（GB 50500—2013）、《房屋建筑与装饰工程工程量计算规范》（GB 50854—2013）、《仿古建筑工程工程量计算规范》（GB 50855—2013）、《通用安装工程工程量计算规范》（GB 50856—2013）、《市政工程工程量计算规范》（GB 50857—2013）、《园林绿化工程工程量计算规范》（GB 50858—2013）、《矿山工程工程量计算规范》（GB 50859—2013）、《构筑物工程工程量计算规范》（GB 50860—2013）、《城市轨道交通工程工程量计算规范》（GB 50861—2013）、《爆破工程工程量计算规范》（GB 50862—2013）等九本计量规范。2012年12月25日，住房城乡建设部批准以上计价规范及九本计量规范为国家标准，自2013年7月1日起实施。

课题1　工程量清单

3.1.1　工程量清单的基本概念

　　工程量清单是指建设工程的分部分项工程项目、措施项目、其他项目、规费项目和税金项目的名称和相应数量等的明细清单。

　　工程量清单是招标文件的组成部分，是由招标人发出的一套注有拟建工程各实物工程名称、性质、特征、单位、数量及开办项目、税费等组成的相关文件。在理解工程量清单的概念时，首先应注意到，工程量清单是由招标人提供的文件，编制人是招标人或其委托的工程造价的中介机构。其次，在性质上说，工程量清单是招标文件的组成部分。一经中标且签订合同，即成为合同的组成部分。因此，无论招标人还是投标人都应该认真对待。再次，工程量清单的描述对象是拟建工程，其内容涉及清单项目的性质、数量等，并以表格为主要表现形式。

　　工程量清单应由具有编制招标文件能力的招标人，或受其委托具有相应资质的工程造价咨询人依据《建设工程工程量清单计价规范》（GB50500—2013），国家或省级、行业建设主管部门颁发的计价依据和办法，招标文件的有关要求，设计文件，与建设工程项目有关的标准、规范、技术资料和施工现场实际情况等进行编制。工程量清单项目编码采用十二位阿拉伯数字表示。一位至九位应按附录的规定设置，十至十二位应根据拟建工程的工程量清单项目名称和项目特征设置，同一招标工程的项目编码不得有重码。其中，一、二位为专业工程代码，三、四位为附录分类顺序码，五、六位为分部工程顺序码，七、八、九位为分项工程项目名称顺序码，十至十二位为清单项目名称顺序码。一、二、三、四级编码为全国统一，第五级编码应根据拟建工程的工程量清单项目名称设置。

　　合理的清单项目设置和准确的工程数量，是清单计价的前提和基础。对于招标人来讲，工程量清单是进行投资控制的前提和基础，工程量清单表格编制的质量直接关系和影响到工程建设的最终结果。

3.1.2　工程量清单编制的一般规定

1）工程量清单编制依据。

① 2013 各工程计算规范和现行国家标准《建设工程工程量清单计价规范》（GB 50500—2013）。

② 国家或省级、行业建设主管部门颁发的计价依据和办法。

③ 建设工程设计文件。

④ 与建设工程项目有关的标准、规范、技术资料。

⑤ 拟定的招标文件。

⑥ 施工现场情况、工程特点及常规施工方案。

⑦ 其他相关资料。

2）其他项目、规费和税金项目清单应按照国家标准《建设工程工程量清单计价规范》（GB 50500—2013）的相关规定编制。

3）编制工程量清单出现附录中未包括的项目，编制人应作补充，并报省级或行业工程造价管理机构备案，省级或行业工程造价管理机构应汇总报住房和城乡建设部标准定额研究所。

补充项目的编码由本规范的代码与 B 和三位阿拉伯数字组成，同一招标工程的项目不得重码。

3.1.3　工程量清单的编制原则

1）遵守有关法律法规的原则。"守法"是前提，清单的编制首先不能违背国家的有关法律法规，否则是一种无效文件。

2）严格按照《建设工程工程量清单计价规范》进行清单编制的原则。在编制清单时，必须按照《建设工程工程量清单计价规范》的规定设置清单项目名称、项目编码、计量单位和工程量计算规则，对清单项目进行必要、全面的描述，并按规定的格式出具工程量清单文本。

3）遵守招标相关要求的原则。工程量清单作为招标文件的组成部分，必须与招标的原则保持一致，与招标须知、合同条款、技术规范等相互照应，较好地反映本工程的特点，体现招标人的意图。

4）编制依据齐全的原则。受委托的编制人应首先要检查招标人提供的图样、资料等编制依据是否齐全，必要的情况下还应到现场进行调查取证，保障"工程量清单"编制依据的齐全性。

5）力求准确合理的原则。工程量的计算应力求准确，清单项目的设置应力求合理，不漏不重。从事工程造价咨询的中介咨询单位还应建立健全工程量清单编制审查制度，确保工程量清单编制的全面性、准确性和合理性，提高工程量清单的编制质量和服务质量。

6）编制内容完备的原则。作为一份完整的工程量清单，不仅仅指"分部分项工程量清单表"，它还应包括封面、填表须知、总说明、措施项目清单、其他项目清单、零星工作项目表等。各部分的作用和地位各不相同，作为工程量清单的内容之一，均不可缺少。

课题2　工程量清单计价

3.2.1　工程量清单计价概述

1. 工程量清单计价的概念

工程量清单计价是指投标人完成由招标人提供的工程量清单所需的全部费用，包括分部分项工程费、措施项目费、其他项目费、规费和税金。

2. 工程量清单计价的基本原理

工程量清单计价的基本原理是指以招标人提供的工程量清单为依据，投标人根据自身的技术、财务、管理能力进行投标报价，招标人根据具体的评标细则进行优选，这种计价方式是市场定价体系的具体表现形式。工程量清单计价采取综合单价计价。综合单价是指完成规定计量单位项目所需的人工费、材料费、机械费、管理费、利润，并考虑风险因素。

3. 工程量清单计价的基本方法和程序

工程量清单计价的基本方法是指在建设工程招标投标中，招标人按照国家统一的工程量计算规则提供工程数量，投标人依据工程量清单自主报价，经评审低价中标的工程造价计价方法。

工程量清单计价的基本过程可以描述为：在统一的工程量计算规则的基础上，制定工程量清单项目的设置规则，根据具体工程的施工图计算出各个清单项目的工程量，再根据各种渠道所获得的工程造价信息和经验数据计算得到工程造价。

从工程量清单计价过程看，其编制过程可以分为两个阶段：工程量清单格式的编制和利用工程量清单来编制投标报价。投标报价是在业主提供的工程量计算结果的基础上，根据企业自身所掌握的各种信息、资料，结合企业定额编制出来的。

1）分部分项工程费 = ∑分部分项工程量×分部分项工程单价

其中分部分项工程单价由人工费、材料费、机械费、管理费、利润等组成，并考虑风险因素。

2）措施项目费 = ∑措施项目工程量×措施项目综合单价

其中措施项目包括通用项目、建筑工程措施项目、装饰装修工程措施项目、安装工程措施项目和市政工程措施项目，措施项目综合单价的构成与分部分项工程单价构成类似。

3）单位工程报价 = 分部分项工程费 + 措施项目费 + 其他项目费 + 规费 + 税金

4）单项工程报价 = ∑单位工程报价

5）建设项目总报价 = ∑单项工程报价

3.2.2　工程量清单计价表格

工程量清单计价表格的组成详见附表 3-1 ~ 表 3-30。工程量清单计价格式，必须采用《建设工程工程量清单计价规范》（GB 50500—2013）规定的统一格式。

（1）封面

1）招标工程量清单封面：封-1。

2）招标控制价封面：封-2。

3）投标总价封面：封-3。

4）竣工结算书封面：封-4。

5）工程造价鉴定意见书封面：封-5。

（2）扉页

1）招标工程量清单扉页：扉-1。

2）招标控制价扉页：扉-2。

3）投标总价扉页：扉-3。

4）竣工结算总价扉页：扉-4。

5）工程造价鉴定意见书扉页：扉-5。

（3）总说明　总说明见表 3-1。

（4）工程计价汇总表

1）建设项目招标控制价/投标报价汇总表见表 3-2。

2）单项工程招标控制价/投标报价汇总表见表 3-3。

3）单位工程招标控制价/投标报价汇总表见表 3-4。

4）建设项目竣工结算汇总表见表 3-5。

5）单项工程竣工结算汇总表见表 3-6。

6）单位工程竣工结算汇总表见表 3-7。

（5）分部分项工程和措施项目计价表

1）分部分项工程和单价措施项目清单与计价表见表 3-8。

2）综合单价分析表见表 3-9。

3）综合单价调整表见表 3-10。

4）总价措施项目清单与计价表见表 3-11。

（6）其他项目计价表

1）其他项目清单与计价汇总表见表 3-12。

2）暂列金额明细表见表 3-13。

3）材料（工程设备）暂估单价及调整表见表 3-14。

4）专业工程暂估价及结算价表见表 3-15。

5）计日工表见表 3-16。

6）总承包服务费计价表见表 3-17。

7）索赔与现场签证计价汇总表见表 3-18。

8）费用索赔申请（核准）表见表3-19。

9）现场签证表见表3-20。

（7）规费、税金项目计价表　计价表见表3-21。

（8）工程计量申请（核准）表　申请（核准）表见表3-22。

（9）合同价款支付申请（核准）表

1）预付款支付申请（核准）表见表3-23。

2）总价项目进度款支付分解表见表3-24。

3）进度款支付申请（核准）表见表3-25。

4）竣工结算支付申请（核准）表见表3-26。

5）最终结清支付申请（核准）表见表3-27。

（10）主要材料、工程设备一览表

1）发包人提供材料和工程设备一览表见表3-28。

2）承包人提供主要材料和工程设备一览表（适用于造价信息差额调整法）见表3-29。

3）承包人提供主要材料和工程设备一览表（适用于价格指数差额调整法）见表3-30。

招标工程量清单封面

_____工程

招　标　工　程　量　清　单

招　标　人：_____

（单位盖章）

造价咨询人：_____

（单位盖章）

年　　　月　　　日

封-1

招标控制价封面

_____工程

招 标 控 制 价

招 标 人：_____

（单位盖章）

造价咨询人：_____

（单位盖章）

年　　月　　日

封-2

投标总价封面

_____工程

投 标 总 价

投 标 人：_____

（单位盖章）

年　　月　　日

封-3

竣工结算书封面

_____工程

竣 工 结 算 书

发 包 人：_____

（单位盖章）

承 包 人：_____

（单位盖章）

造价咨询人：_____

（单位盖章）

年　　月　　日

封-4

工程造价鉴定意见书封面

_____工程

编号：×××〔2×××〕××号

工 程 造 价 鉴 定 意 见 书

造价咨询人：_____

（单位盖章）

年　　月　　日

封-5

招标工程量清单扉页

_____工程

招　标　工　程　量　清　单

招标人：_____　　　　造价咨询人：_____

　　　　　（单位盖章）　　　　　　　　　　　　　　　　（单位资质专用章）

法定代表人　　　　　　　　　　　　　　　法定代表人

或其授权人：_____　　或其授权人：_____

　　　　　（签字或盖章）　　　　　　　　　　　　　　　（签字或盖章）

编制人：_____　　　　复核人：_____

　　（造价人员签字盖专用章）　　　　　　　　（造价工程师签字盖专用章）

编制时间：　　年　月　日　　　　　　　复核时间：　　年　月　日

扉-1

招标控制价扉页

_____工程

招 标 控 制 价

招标控制价(小写)：_____

（大写）：_____

招标人：_____ 造价咨询人：_____

（单位盖章） （单位资质专用章）

法定代表人 法定代表人

或其授权人：_____ 或其授权人：_____

（签字或盖章） （签字或盖章）

编制人：_____ 复核人：_____

（造价人员签字盖专用章） （造价工程师签字盖专用章）

编制时间： 年 月 日 复核时间： 年 月 日

扉-2

投标总价扉页

投 标 总 价

招　标　人：_____

工程名称：_____

投标总价(小写)：_____

　　　(大写)：_____

投　标　人：_____

(单位盖章)

法定代表人

或其授权人：_____

(签字或盖章)

编　制　人：_____

(造价人员签字盖专用章)

编制时间：　　年　　月　　日

扉-3

竟工结算总价扉页

_____工程

竟 工 结 算 总 价

签约合同价（小写）：_____ （大写）：_____

竣工结算价（小写）：_____ （大写）：_____

发包人：_____ 承包人：_____ 造价咨询人：_____

（单位盖章） （单位盖章） （单位资质专用章）

法定代表人 法定代表人 法定代表人

或其授权人：_____ 或其授权人：_____ 或其授权人：_____

（签字或盖章） （签字或盖章） （签字或盖章）

编制人：_____ 核对人：_____

（造价人员签字盖专用章） （造价工程师签字盖专用章）

编制时间： 年 月 日 核对时间： 年 月 日

扉-4

工程造价鉴定意见书扉页

_____工程

工 程 造 价 鉴 定 意 见 书

鉴定结论：

造价咨询人：_____
　　　　　　　（盖单位章及资质专用章）

法定代表人：_____
　　　　　　　（签字或盖章）

造价工程师：_____
　　　　　　　（签字盖专用章）

年　　月　　日

扉-5

表 3-1　总说明

工程名称：　　　　　　　　　　　　　　　　　　　　　　　　第　页　共　页

表 3-2　建设项目招标控制价/投标报价汇总表

工程名称：　　　　　　　　　　　　　　　　　　　　　　　　　　　　　第　页　共　页

序号	单项工程名称	金额/元	费用/元		
			暂估价	安全文明施工费	规费
	合计				

注：本表适用于工程建设项目招标控制价或投标报价的汇总。

表 3-3　单项工程招标控制价/投标报价汇总表

工程名称：　　　　　　　　　　　　　　　　　　　　　　　　　　　　　第　页　共　页

序号	单项工程名称	金额/元	费用/元		
			暂估价	安全文明施工费	规费
	合计				

注：本表适用于单项工程招标控制价或投标报价的汇总。暂估价包括分部分项工程中的暂估价和专业工程暂估价。

表 3-4　单位工程招标控制价/投标报价汇总表

工程名称：　　　　　　　　　　　　标段：　　　　　　　　　　第　页　共　页

序号	汇总内容	金额/元	其中：暂估价/元
1	分部分项工程		
1.1			
1.2			
1.3			
……			
2	措施项目		—
2.1	其中：安全文明施工费		—
3	其他项目		
3.1	其中：暂列金额		—
3.2	其中：专业工程暂估价		—
3.3	其中：计日工		—
3.4	其中：总承包服务费		—
4	规费		—
5	税金		—
招标控制价合计 = 1 + 2 + 3 + 4 + 5			

注：本表适用于单位工程招标控制价或投标报价的汇总，如无单位工程划分，单项工程也使用本表汇总。

表 3-5　建设项目竣工结算汇总表

工程名称：　　　　　　　　　　　　　　　　　　　　　　第　页　共　页

序号	单项工程名称	金额/元	费用/元	
			安全文明施工费	规费
	合计			

表3-6 单项工程竣工结算汇总表

工程名称： 第 页 共 页

序号	单位工程名称	金额/元	费用/元	
			安全文明施工费	规费
	合计			

表3-7 单位工程竣工结算汇总表

工程名称： 标段： 第 页 共 页

序 号	汇总内容	金额/元
1	分部分项工程	
1.1		
1.2		
1.3		
……		
2	措施项目	
2.1	其中：安全文明施工费	
3	其他项目	
3.1	其中：专业工程结算价	
3.2	其中：计日工	
3.3	其中：总承包服务费	
3.4	其中：索赔与现场签证	
4	规费	
5	税金	
竣工结算总价合计＝1＋2＋3＋4＋5		

注：如无单位工程划分，单项工程也使用本表汇总。

表 3-8 分部分项工程和单价措施项目清单与计价表

工程名称：　　　　　　　　　　　　标段：　　　　　　　　　　第 页 共 页

序号	项目编码	项目名称	项目特征描述	计量单位	工程量	金额/元		
						综合单价	合价	其中
								暂估价
本页小计								
合　计								

注：为计取规费等的使用，可在表中增设其中："定额人工费"。

表 3-9 综合单价分析表

工程名称：　　　　　　　　　　　　标段：　　　　　　　　　　第 页 共 页

项目编码		项目名称		计量单位		工程量	

				清单综合单价组成明细							
定额编号	定额项目名称	定额单位	数量	单　价				合　价			
				人工费	材料费	机械费	管理费和利润	人工费	材料费	机械费	管理费和利润
人工单价		小计									
元/工日		未计价材料费									
清单项目综合单价											

	主要材料名称、规格、型号	单位	数量	单价/元	合价/元	暂估单价/元	暂估合价/元
材料费明细							
	其他材料费			—		—	
	材料费小计			—		—	

注：1. 如不使用省级或行业建设主管部门发布的计价依据，可不填定额项目、编号等。

2. 招标文件提供了暂估单价的材料，按暂估的单价填入表内"暂估单价"栏及"暂估合价"栏。

表3-10 综合单价调整表

工程名称： 标段： 第 页 共 页

序号	项目编码	项目名称	已标价清单综合单价/元					调整后综合单价/元				
			综合单价	其中				综合单价	其中			
				人工费	材料费	机械费	管理费和利润		人工费	材料费	机械费	管理费和利润

造价工程师（签章）： 发包人代表（签章）： 造价人员（签章）： 承包人代表（签章）：

日期： 日期：

注：综合单价调整应附调整依据。

表3-11 总价措施项目清单与计价表

工程名称： 标段： 第 页 共 页

序号	项目编码	项目名称	计算基础	费率（%）	金额/元	调整费率（%）	调整后金额/元	备注
		安全文明施工费						
		夜间施工增加费						
		二次搬运费						
		冬雨期施工增加费						
		已完工程及设备保护费						
		合 计						

编制人（造价人员）： 复核人（造价工程师）：

注：1. "计算基础"中安全文明施工费可为"定额基价""定额人工费"或"定额人工费+定额机械费"，其他项目可为"定额人工费"或"定额人工费+定额机械费"。

2. 按施工方案计算的措施费，若无"计算基础"和"费率"的数值，也可只填"金额"数值，但应在备注栏说明施工方案出处或计算方法。

表 3-12　其他项目清单与计价汇总表

工程名称：　　　　　　　　　　　　标段：　　　　　　　　　　　第　页　共　页

序　号	项 目 名 称	金额/元	结算金额/元	备　注
1	暂列金额			明细详见表 3-13
2	暂估价			
2.1	材料（工程设备）暂估价/结算价		—	明细详见表 3-14
2.2	专业工程暂估价/结算价			明细详见表 3-15
3	计日工			明细详见表 3-16
4	总承包服务费			明细详见表 3-17
5	索赔与现场签证			明细详见表 3-18
合　　计				—

注：材料（工程设备）暂估单价进入清单项目综合单价，此处不汇总。

表 3-13　暂列金额明细表

工程名称：　　　　　　　　　　　　标段：　　　　　　　　　　　第　页　共　页

序　号	项 目 名 称	计 量 单 位	暂列金额/元	备　注
1				
2				
3				
4				
5				
合　计				—

注：此表由招标人填写，如不能详列，也可只列暂定金额总额，投标人应将上述暂列金额计入投标总价中。

表 3-14　材料（工程设备）暂估单价及调整表

工程名称：　　　　　　　　　　　　标段：　　　　　　　　　　　第　页　共　页

序号	材料（工程设备）名称、规格、型号	计量单位	数量		暂估/元		确认/元		差额±/元		备注
			暂估	确认	单价	合价	单价	合价	单价	合价	

注：此表由招标人填写"暂估单价"，并在备注栏说明暂估价的材料、工程设备拟用在哪些清单项目上，投标人应将上述材料、工程设备暂估单价计入工程量清单综合单价报价中。

表3-15 专业工程暂估价及结算价表

工程名称：   标段：   第 页 共 页

序号	工程名称	工程内容	暂估金额/元	结算金额/元	差额±/元	备 注
合计						—

注：此表"暂估金额"由招标人填写，投标人应将"暂估金额"计入投标总价中。结算时按合同约定结算金额填写。

表3-16 计日工表

工程名称：   标段：   第 页 共 页

编号	项目名称	单位	暂定数量	实际数量	综合单价/元	合价/元	
						暂定	实际
一	人工						
1							
2							
3							
……							
人工小计							
二	材料						
1							
2							
3							
……							
材料小计							
三	施工机械						
1							
2							
3							
……							
施工机械小计							
四、企业管理费和利润							
总计							

注：此表项目名称、暂定数量由招标人填写，编制招标控制价时，单价由招标人按有关计价规定确定；投标时，单价由投标人自主报价，按暂定数量计入投标总价中。结算时，按发承包双方确认的实际数量计算合价。

表 3-17 总承包服务费计价表

工程名称：   标段：   第 页 共 页

序号	项目名称	项目价值/元	服务内容	计算基础	费率（%）	金额/元
1	发包人发包专业工程					
2	发包人提供材料					
	合计	—		—		—

注：此表项目名称、服务内容由招标人填写，编制招标控制价时，费率及金额由招标人按有关计价规定确定；投标时，费率及金额由投标人自主报价，计入投标总价中。

表 3-18 索赔与现场签证计价汇总表

工程名称：   标段：   第 页 共 页

序号	签证及索赔项目名称	计量单位	数量	单价/元	合价/元	索赔及签证依据
—	本页小计	—	—	—	—	—
—	合计	—	—	—	—	—

注：签证及索赔依据是指经双方认可的签证单和索赔依据的编号。

表 3-19　费用索赔申请（核准）表

工程名称：　　　　　　　　　　　标段：　　　　　　　编号：

致：_____（发包人全称）

根据施工合同条款第_____条的约定，由于_____原因，我方要求索赔金额（大写）

_____元，（小写）_____元，请予核准。

附：1. 费用索赔的详细理由和依据：

　　2. 索赔金额的计算：

　　3. 证明材料：

承包人（章）

造价人员_____　　承包人代表_____　　日　期_____

复核意见：

　　根据施工合同条款第_____条的约定，你方提出的费用索赔申请经复核：

□ 不同意此项索赔，具体意见见附件。

□ 同意此项索赔，索赔金额的计算，由造价工程师复核。

　　　　　　监理工程师_____

　　　　　　日　期_____

复核意见：

　　根据施工合同条款第_____条的约定，你方提出的费用索赔申请经复核，索赔金额为（大写）_____元，（小写）_____元。

　　　　　　造价工程师_____

　　　　　　日　期_____

审核意见：

□ 不同意此项索赔。

□ 同意此项索赔，与本期进度款同期支付。

发包人（章）

发包人代表_____

日　期_____

注：1. 在选择栏中的"□"内作标识"√"。

　　2. 本表一式四份，由承包人填报，发包人、监理人、造价咨询人、承包人各存一份。

表 3-20 现场签证表

工程名称：_____ 标段：_____ 编号：_____

施工部位		日期	

致：_____（发包人全称）

根据_____（指令人姓名） 年 月 日的口头指令或你方_____（或监理人）

年 月 日的书面通知，我方要求完成此项工作应支付价款金额为（大写）_____元，（小写）

_____元，请予核准。

附：1. 签证事由及原因：

2. 附图及计算式：

承包人（章）

造价人员_____ 承包人代表_____ 日 期_____

复核意见：	复核意见：
你方提出的此项签证申请经复核：	□ 此项签证按承包人中标的计日工单价计算，金额为（大写）_____元，（小写）_____元。
□ 不同意此项签证，具体意见见附件。	
□ 同意此项签证，签证金额的计算，由造价工程师复核。	□ 此项签证因无计日工单价，金额为（大写）_____元，（小写）_____元。
监理工程师_____ 日 期_____	造价工程师_____ 日 期_____

审核意见：

□ 不同意此项签证。

□ 同意此项签证，价款与本期进度款同期支付。

发包人（章）

发包人代表_____

日   期_____

注：1. 在选择栏中的"□"内作标识"√"。

2. 本表一式四份，由承包人在收到发包人（监理人）的口头或书面通知后填写，发包人、监理人、造价咨询人、承包人各存一份。

表 3-21 规费、税金项目清单与计价表

工程名称：   标段：   第 页 共 页

序号	项目名称	计 算 基 础	计算基数	计算费率（%）	金额/元
1	规费	定额人工费			
1.1	社会保险费	定额人工费			
(1)	养老保险费	定额人工费			
(2)	失业保险费	定额人工费			
(3)	医疗保险费	定额人工费			
(4)	工伤保险费	定额人工费			
(5)	生育保险费	定额人工费			
1.2	住房公积金	定额人工费			
1.3	工程排污费	按工程所在地环境保护部门收取标准，按实计入			
2	税金	分部分项工程费＋措施项目费＋其他项目费＋规费－按规定不计税的工程设备金额			
合　　计					

编制人（造价人员）：   复核人（造价工程师）：

表 3-22 工程计量申请（核准）表

工程名称：   标段：   第 页 共 页

序号	项目编码	项目名称	计量单位	承包人申报数量	发包人核实数量	发承包人确认数量	备注
承包人代表： 日期：		监理工程师： 日期：		造价工程师： 日期：		发包人代表： 日期：	

表 3-23　预付款支付申请（核准）表

工程名称：　　　　　　　　　　标段：　　　　　　　　编号：

致：_____（发包人全称）

　　我方根据施工合同的约定，现申请支付工程预付款额为（大写）_____元，（小写）_____元，请予核准。

序号	名　称	申请金额/元	复核金额/元	备　注
1	已签约合同价款金额			
2	其中：安全文明施工费			
3	应支付的预付款			
4	应支付的安全文明施工费			
5	合计应支付的预付款			

　　　　　　　　　　　　　　　　　　　　　　　承包人（章）

造价人员_____　　承包人代表_____　　日　期_____

复核意见：
　　□ 与合同约定不相符，修改意见见附件。
　　□ 与合同约定相符，具体金额由造价工程师复核。

　　　　　　　监理工程师_____
　　　　　　　日　期_____

复核意见：
　　你方提出的支付申请经复核应支付预付款金额为（大写）_____元，（小写）_____元。

　　　　　　　　造价工程师_____
　　　　　　　　日　期_____

审核意见：
　　□ 不同意。
　　□ 同意，支付时间为本表签发后的 15 天内。

　　　　　　　　　　　　　发包人（章）
　　　　　　　　　　　　　发包人代表_____
　　　　　　　　　　　　　日　期_____

注：1. 在选择栏中的"□"作标识"√"。
　　2. 本表一式四份，由承包人填报，发包人、监理人、造价咨询人、承包人各存一份。

表3-24 总价项目进度款支付分解表

工程名称：　　　　　　　　　　　标段：　　　　　　　单位：元

序号	项目名称	总价金额	首次支付	二次支付	三次支付	四次支付	五次支付	备注
	安全文明施工费							
	夜间施工增加费							
	二次搬运费							
	社会保险费							
	住房公积金							
	合计							

编制人（造价人员）：　　　　　　　　　　　　　　复核人（造价工程师）：

注：1. 本表应由承包人在投标报价时根据发包人在招标文件明确的进度款支付周期与报价填写，签订合同时，发承
　　　包双方可就支付分解协商调整后作为合同附件。

　　2. 单价合同使用本表，"支付"栏时间应与单价项目进度款支付周期相同。

　　3. 总价合同使用本表，"支付"栏时间应与约定的工程计量周期相同。

表 3-25　进度款支付申请（核准）表

工程名称：　　　　　　　　　　　标段：　　　　　　　　　编号：

致：_____（发包人全称）

我于_____至_____期间已完成了_____工作，根据施工合同的约定，现申请支付本期的工程款额为（大写）_____元，（小写）_____元，请予核准。

序号	名称	实际金额/元	申请金额/元	复核金额/元	备注
1	累计已完成的合同价款				
2	累计已实际支付的合同价款				
3	本周期合计完成的合同价款				
3.1	本周期已完成单价项目的金额				
3.2	本周期应支付的总价项目的金额				
3.3	本周期已完成的计日工价款				
3.4	本周期应支付的安全文明施工费				
3.5	本周期应增加的合同价款				
4	本周期合计应扣减的金额				
4.1	本周期应抵扣的预付款				
4.2	本周期应扣减的金额				
5	本周期应支付的工程价款				

附：上述 3、4 详见附件清单。

承包人（章）

造价人员_____　　承包人代表_____　　日　期_____

复核意见： □ 与实际施工情况不相符，修改意见见附件。 □ 与实际施工情况相符，具体金额由造价工程师复核。 监理工程师_____ 日　期_____	复核意见： 　你方提出的支付申请经复核，本周期已完成合同款额为（大写）_____元，（小写）_____元，本周期应支付金额为（大写）_____元，（小写）_____元。 造价工程师_____ 日　期_____

审核意见：
□ 不同意。
□ 同意，支付时间为本表签发后的 15 天内。

发包人（章）

发包人代表_____

日　期_____

注：1. 在选择栏中的"□"内作标识"√"。

　　2. 本表一式四份，由承包人填报，发包人、监理人、造价咨询人、承包人各存一份。

表 3-26 竣工结算款支付申请（核准）表

工程名称： 标段： 编号：

致：_____（发包人全称）

我方于_____至_____期间已完成合同约定的工作，工作已经完工，根据施工合同的约定，现申请支付竣工结算合同款额为（大写）_____元，（小写）_____元，请予核准。

序号	名称	申请金额/元	复核金额/元	备 注
1	竣工结算合同价款总额			
2	累计已实际支付的合同价款			
3	应预留的质量保证金			
4	应支付的竣工结算款金额			

承包人（章）

造价人员_____ 承包人代表_____ 日 期_____

复核意见：

□ 与实际施工情况不相符，修改意见见附件。

□ 与实际施工情况相符，具体金额由造价工程师复核。

监理工程师_____

日 期_____

复核意见：

你方提出的竣工结算款支付申请经复核，竣工结算款总额为（大写）_____元，（小写）_____元，扣除前期支付以及质量保证金后应支付金额为（大写）_____元，（小写）_____元。

造价工程师_____

日 期_____

审核意见：

□ 不同意。

□ 同意，支付时间为本表签发后的 15 天内。

发包人（章）

发包人代表_____

日 期_____

注：1. 在选择栏中的"□"内作标识"√"。

2. 本表一式四份，由承包人填报，发包人、监理人、造价咨询人、承包人各存一份。

表 3-27　最终结清支付申请（核准）表

工程名称：　　　　　　　　　　　标段：　　　　　　　　　编号：

致：_____（发包人全称）

我方于_____至_____期间已完成了缺陷修复工作，根据施工合同的约定，现申请支付最终结清合同款额为（大写）_____元，（小写）_____元，请予核准。

序号	名称	申请金额/元	复核金额/元	备注
1	已预留的质量保证金			
2	应增加因发包人原因造成缺陷的修复金额			
3	应扣减承包人不修复缺陷、发包人组织修复的金额			
4	最终应支付的合同价款			

上述 3、4 详见附件清单。

承包人（章）

造价人员_____　承包人代表_____　　日　期_____

复核意见：

□ 与实际施工情况不相符，修改意见见附件。

□ 与实际施工情况相符，具体金额由造价工程师复核。

监理工程师_____
日　期_____

复核意见：

你方提出的支付申请经复核，最终应支付金额为（大写）_____元，（小写）_____元。

造价工程师_____
日　期_____

审核意见：

□ 不同意。

□ 同意，支付时间为本表签发后的 15 天内。

发包人（章）
发包人代表_____
日　期_____

注：1. 在选择栏中的"□"内作标识"√"。如监理人已退场，监理工程师栏可空缺。

　　2. 本表一式四份，由承包人填报，发包人、监理人、造价咨询人、承包人各存一份。

表 3-28　发包人提供材料和工程设备一览表

工程名称：　　　　　　　　　　标段：　　　　　　　　　第　页 共　页

序号	材料（工程设备）名称、规格、型号	单位	数量	单价/元	交货方式	送达地点	备　注

注：此表由招标人填写，供投标人在投标报价、确定总承包服务费时参考。

表 3-29　承包人提供主要材料和工程设备一览表
（适用于造价信息差额调整法）

工程名称：　　　　　　　　　　标段：　　　　　　　　　第　页 共　页

序号	名称、规格、型号	单位	数量	风险系数（%）	基准单价/元	投标单价/元	发承包人确认单价/元	备　注

注：1. 此表由招标人填写除"投标单价"栏的内容，投标人在投标时自主确定投标单价。

　　2. 招标人应优先采用工程造价管理机构发布的单价作为基准单价，未发布的，通过市场调查确定其基准单价。

表 3-30　承包人提供主要材料和工程设备一览表
（适用于价格指数差额调整法）

工程名称：　　　　　　　　　　标段：　　　　　　　　　第　页 共　页

序号	名称、规格、型号	变值权重 B	基本价格指数 F_0	现行价格指数 F_t	备　注
	定值权重 A		—	—	
	合计	1	—	—	

注：1. "名称、规格、型号"和"基本价格指数"栏由招标人填写，基本价格指数应首先采用工程造价管理机构发布的价格指数，没有时，可采用发布的价格代替。如人工、机械费也采用本法调整，由招标人在"名称"栏填写。

　　2. "变值权重"栏由招标人根据该项人工、机械费和材料、工程设备价值在投标总报价中所占的比例填写，1 减去其比例为定值权重。

　　3. "现行价格指数"按约定的付款证书相关周期最后一天的前 42 天各项价格指数填写，该指数应首先采用工程造价管理机构发布的价格指数，没有时，可采用发布的价格代替。

3.2.3   工程量清单计价格式的填写规定

工程量清单计价格式的填写应符合下列规定：

1）工程计价表应采用统一格式。

2）工程量清单的编制应符合下列规定：

① 工程量清单编制使用表格包括：封-1、扉-1、表 3-1、表 3-8、表 3-11～表 3-17、表 3-21、表 3-28、表 3-29 或表 3-30。

② 扉页应按规定的内容填写、签字、盖章。

③ 总说明应按下列内容填写：

a）工程概况：建设规模、工程特征、计划工期、施工现场情况、自然地理条件、环境保护要求等。

b）工程招标和专业工程发包范围。

c）工程量清单编制依据。

d）工程质量、材料、施工等的特殊要求。

e）其他需要说明的问题。

3）招标控制价、投标报价、竣工结算的编制应符合下列规定：

① 使用表格：

a）招标控制价使用表格包括：封-2、扉-2、表 3-1～表 3-4、表 3-8、表 3-9、表 3-11～表 3-17、表 3-21、表 3-28、表 3-29 或表 3-30。

b）投标报价使用的表格包括：封-3、扉-3、表 3-1～表 3-4、表 3-8、表 3-9、表 3-11～表 3-17、表 3-21、表 3-24、招标文件提供的表 3-21、表 3-28 或表 3-30。

c）竣工结算使用的表格包括：封-4、扉-4、表 3-1、表 3-5～表 3-28、表 3-29 或表 3-30。

② 扉页应按规定的内容填写、签字、盖章。

③ 总说明应按下列内容填写：

a）工程概况：建设规模、工程特征、计划工期、合同工期、实际工期、施工现场及变化情况、施工组织设计的特点、自然地理条件、环境保护要求等。

b）编制依据等。

4）工程造价鉴定应符合下列规定：

① 工程造价鉴定使用表格包括：封-5、扉-5、表 3-1、表 3-5～表 3-28、表 3-29 或表 3-30。

② 扉页应按规定的内容填写、签字、盖章。

③ 说明应按规定内容填写。

5）投标人应按招标文件的要求，附工程量清单综合单价分析表。

6）措施项目清单计价表。

① 表中的序号、项目名称必须按措施项目清单中的相应内容填写。

② 投标人可根据施工组织设计采取的措施增加项目。

7）其他项目清单计价表。

① 表中的序号、项目名称必须按其他项目清单中的相应内容填写。

② 投标人部分的金额必须按工程量清单中招标人提出的数额填写。

8）分部分项工程量清单综合单价分析表和措施项目费分析表，应由招标人根据需要提出要求后填写。

3.2.4 工程量清单计价的特点

与传统的定额计价法相比，工程量清单计价法具有以下特点：

1）工程量清单计价充分地体现了市场性。在工程量清单计价方法的招标方式下，由业主或招标单位根据统一的工程量清单项目设置规则和工程量清单计量规则编制工程量清单，鼓励企业自主报价，业主根据其报价，结合质量、工期等因素综合评定，选择最佳的投标企业中标。在这种模式下，标底不再成为评标的主要依据，甚至可以不编标底，从而在工程价格的形成过程中摆脱了长期以来的计划管理色彩，而由市场的参与双方主体自主定价，符合价格形成的基本原理。

2）工程量清单计价充分地体现了竞争性。一是《建设工程工程量清单计价规范》中的措施项目，在工程量清单中只列"措施项目"一栏，具体采用的措施，如模板、脚手架、垂直运输、施工排(降)水、深基坑支护、大型机械安拆及进出场费、试桩费、试水费、临时设施等详细内容由投标人根据企业的施工组织设计视具体情况报价，由于这些项目在各个企业之间各不相同，因此就为企业提供了较大的竞争空间。二是《建设工程工程量清单计价规范》中的人工、材料和施工机械没有具体的消耗量，投标企业可以依据自己的企业定额和市场价格信息，也可以参照建筑行政管理部门发布的社会平均消耗量定额进行报价。《建设工程工程量清单计价规范》将报价权完全交给了企业，并且允许投标企业灵活机动地调整价格，以便能够使报价比较准确地与工程实际相吻合，使投标企业对自己的报价承担相应的风险和责任。三是招投标过程本身就是一个竞争的过程。招标人给出工程量清单，投标人填写单价(此单价中一般包括成本、利润)，填高了中不了标，填低了又要赔本，这时候就体现了企业技术和管理水平的重要性，形成了企业整体实力的竞争。

3）工程量清单计价的公平性、公正性。采用施工图预算投标报价，由于设计图样的缺陷，不同投标企业的人员理解不一，计算出的工程量也不同，报价也相去甚远，容易产生纠纷。而工程量清单报价就为投标者提供了一个平等竞争的条件，招标人给出相同的工程量后，由投标企业根据自身的实力来填写不同的单价，因此充分地体现了投标报价的公平合理性。

4）工程量清单计价有利于工程款的拨付和工程造价的最终确定。投标企业中标后，招标单位要与其签订施工合同，在工程量清单计价基础上的中标价就成了合同价的基础，投标清单上的单价也就成了拨付工程款的依据。业主根据施工企业完成的工程量，可以很容易地确定进度款的拨付额。工程竣工后，业主再根据设计变更、工程量的增减乘以相应单价，也可以很容易地确定工程的最终造价。

5）工程量清单计价有利于实现风险的合理分担。采用工程量清单计价，投标企业只对自己所报的成本、单价等负责，而对工程量的变更、计算错误等不负责任，对于这一部分风险则应由业主承担，这种格局符合风险合理分担、责权利关系对等的一般原则。

6）工程量清单计价有利于业主对投资的控制。采用施工图预算投标报价，业主对因设计变更、工程量的增减所引起的工程造价变化并不敏感，往往要等到竣工结算后才知道这些因素对项目投资影响的程度，但此时常常是为时已晚。而采用工程量清单计价则一目了然，在拟进行设计变更的同时就可以知道它对工程造价的影响，这样业主就能根据投资情况来决定是否变更或进行方案比较，以决定最恰当的处理方法。

3.2.5　工程量清单计价的作用

工程量清单计价不仅仅是一种简单的造价计算方法，其更深层次的意义在于提供了一种由市场形成价格的新的计价模式，推进了我国工程造价管理改革的前进步伐。

1）实行工程量清单计价符合我国当前工程造价体制改革中制定的"逐步建立以市场形成价格为主的价格机制"的目标。这一目标本身就是要把价格的决定权逐步交给发包单位、施工企业和建筑市场，并最终通过市场来配置资源、决定工程价格，它真正实现了通过市场机制决定工程造价。实行工程量清单计价是规范建设市场秩序、适应社会主义经济发展的需要。工程量清单计价是市场形成工程造价的主要形式，它有利于发挥企业自主报价的能力，实现由政府定价向市场定价的转变；有利于规范业主在招标中的行为，有效地避免招标单位在招标中盲目压价的行为，从而真正地体现了公开、公平、公正的原则，适应市场经济的规律。

2）实行工程量清单计价是促进建设市场有序竞争和健康发展的需要。在工程量清单招标投标中，对于招标人来说，由于工程量清单是招标文件的组成部分，招标人必须编制出准确的工程量清单，并承担相应的风险，这样才能提高招标人的管理水平，又由于工程量清单是公开的，这样就避免了工程招标中的弄虚作假、暗箱操作等不规范行为；对于投标人来说，要正确地进行工程量清单报价，就必须对单位工程成本、利润进行分析，精心选择施工方案，合理组织施工，合理控制现场费用和施工技术措施费用。此外，工程量清单对保证工程款的支付、结算都起到重要的作用。采用工程量清单计价招标有利于将工程的"质"与"量"紧密结合起来。质量、造价、工期三者之间存在着一定的必然联系，报价当中必须充分考虑到工期和质量因素，这是客观规律的反映和要求。采用工程量清单计价招标有利于投标单位通过报价的调整来反映质量、工期、成本三者之间的科学关系。

3）实行工程量清单计价有利于我国工程造价政府管理职能的转变。实行工程量清单计价，将过去由政府控制的指令性定额转变为适应市场经济规律需要的工程量清单计价方法，由过去政府直接干预转变为对工程造价依法监督，有效地加强了政府对工程造价的宏观调控。

4）实行工程量清单计价是适应我国加入 WTO、融入世界大市场的需要。随着我国改革开放的进一步加快，我国经济日益融入全球市场，特别是我国加入 WTO 以后，行业壁垒下降，建设市场将进一步对外开放。国外企业以及投资项目越来越多地进入国内的市场，我国企业走出国门在海外投资和经营的项目也在增加。为了适应这种对外开放的建设市场形式，就必须与国际通行的计价方法相适应，为建设市场主体创造一个与国际惯例接轨的市场竞争环境。工程量清单计价是国际通行的计价方法。在我国实行工程量清单计价，有利于提高国内建设各方主体参与国际化竞争的能力。

5）实行工程量清单计价有利于标底的管理与控制。在传统的招标投标方法中，标底的正确与否、保密程度如何一直是关注的焦点。而采用工程量清单计价方法，工程量是公开的，是招标文件内容的一部分，标底只起到参考和一定的控制作用，与评标过程无关，甚至可以不编制标底。这就从根本上消除了标底准确性和标底泄露所带来的负面影响。

6）实行工程量清单计价有利于中标企业精心组织施工、控制成本，充分地体现了本企业的管理优势。投标企业中标后，可以根据中标价及投标文件中的承诺，通过对单位工程成本、利润进行分析，统筹考虑，结合本企业的特点，精心选择施工方案；并且可以根据企业定额合理确定人工、材料、施工机械要素的投入与配置，优化组合，合理控制现场费用和施工技术措施费用等，以便更好地履行承诺，抓好工程质量和工期。

3.2.6 工程量清单计价的应用

自2000年，我国实行建筑工程招投标制度以来，招投标竞争已成为取得建筑工程的主要方式。目前，现行预算定额规定的消耗量和有关施工措施性费用是按社会平均水平编制的，以此为依据形成的工程造价基本上也属于社会平均价格。这实质上就是政府定价，企业没有自主定价的权利，在一定程度上限制了企业之间的公平竞争。为了满足招投标竞争定价的要求，推行工程量清单计价已成为当前建设工程承发包计价改革的重要举措。工程量清单计价按照国家统一的工程量清单计价规范，使投标人自主报价，经评审合理低价中标。它能够反映出工程的个别成本，有利于企业自主报价和公平竞争，适应了市场经济的发展要求。

工程预算定额及相应的管理体系在工程承发包计价中调整承发包利益和反映市场实际价格。当前，在建立公开、公平、公正的竞争机制方面还有许多不相适应的地方，如建设单位招标中盲目压价、施工企业在投标报价中高估冒算，造成合同执行中产生大量的工程纠纷。为了逐步规范这种不合理、不正当的计价行为，除了法律法规、行政监督以外，发挥市场规律中"竞争""价格"的作用是治本之策。实行工程量清单计价，工程量清单作为招标文件和合同文件的重要组成部分，对避免招标中弄虚作假和暗箱操作以及保证工程款的结算支付都会起到重要的作用。

课题3 建设工程工程量清单计价与计量规范

3.3.1 建设工程工程量计价规范

1.《建设工程工程量清单计价规范》（GB 50500—2013）编制的指导思想、原则

编制的指导思想为：结合我国工程造价管理现状，总结各省市工程量清单试点的经验，参照国际上的通行做法，编制中遵循政府宏观调控、市场竞争形成价格的要求，创造公平、

公正、公开的竞争环境，建立全国统一有序的建筑市场。编制工作除遵循上述指导思想外，还要坚持以下原则：

1）依法原则。

2）权责对等原则。

3）公平交易原则。

4）可操作性原则。

5）从约原则。

2.《建设工程工程量清单计价规范》（GB 50500—2013）的主要内容

《建设工程工程量清单计价规范》（GB 50500—2013）主要由正文和附录两部分组成，二者具有同等效力。

1）第一部分是正文，由总则、术语、一般规定、工程量清单编制、招标控制价、投标报价、合同价款约定、工程计量、合同价款调整、合同价款期中支付、竣工结算与支付、合同解除的价款结算与支付、合同价款争议的解决、工程造价鉴定、工程计价资料与档案、工程计价表格组成，共十六章。

第一章为总则，规定了该规范制定的目的、依据、适用范围和强制适用范围、工程量清单计价活动中应遵循的基本原则等。

第二章为术语，仅对本规范中特有的术语给予定义或释义。

第三章为一般规定，明确了计价方式、发包人提供的材料和工程设备、承包人提供的材料和工程设备、计价风险的内容和范围。

使用国有资金投资的建设工程发承包，必须采用工程量清单计价。

工程量清单计价应采用综合单价计价。

措施项目中的安全文明施工费必须按国家或省级、行业建设主管部门的规定计算，不得作为竞争性费用。

规费和税金必须按国家或省级、行业建设主管部门的规定计算，不得作为竞争性费用。

第四章为工程量清单编制，根据工程量清单编制的具体程序和步骤，规定了工程量清单的编制人、工程量清单的组成以及分部分项工程量清单、措施项目清单、其他项目清单、规费项目清单、税金项目清单编制的规则。

第五至第十五章为根据工程量清单计价的具体程序和步骤，规定了招标控制价、投标报价、合同价款约定、工程计量、合同价款调整、合同价款期中支付、竣工结算与支付、合同解除的价款结算与支付、合同价款争议的解决、工程造价鉴定、工程计价资料与档案等计价活动规则。

第十六章为工程计价表格，规定了工程量清单计价分别使用的表格以及填写的方法。

2）第二部分为附录。第二部分包括附录 A 物价变化合同价款调整方法、附录 B 工程计价文件封面、附录 C 工程计价文件扉页、附录 D 工程计价总说明、附录 E 工程计价汇总表、附录 F 分部分项工程和措施项目计价表、附录 G 其他项目计价表、附录 H 规费、税金项目计价表、附录 J 工程计量申请（核准）表、附录 K 合同价款支付申请（核准）表、附录 L 主要材料和工程设备一览表共十一个附录组成。

3.《建设工程工程量清单计价规范》的特点

1）确定了工程计价标准体系的形成。主要表现在此次规范共发布了10本工程计价、计量规范，特别是9个专业工程计量规范的出台，使整个工程计价标准体系得到明晰，为下一步工程计价标准的制定打下了坚实的基础。

2）明确了计价计量规范的适用范围。主要表现为本规范适用于建设工程发承包及实施阶段的计价活动。表明了不分何种计价方式，必须执行计价计量规范，对规范发承包双方计价行为有了统一的标准。

3）深化了工程造价运行机制的改革。

4）强化了工程计价计量的强制性规定。

5）注重了与施工合同的衔接。

6）明确了工程计价风险分担的范围。

7）完善了招标控制价制度。

8）规范了不同合同形式的计量与价款支付。

9）统一了合同价款调整的分类内容。

10）确立了施工全过程计价控制与工程结算的原则。

11）提供了合同价款争议解决的方法。

3.3.2 建设工程工程量计量规范

建设工程工程量计量规范共包括了房屋建筑与装饰工程、仿古建筑工程、通用安装工程、市政工程、园林绿化工程、矿山工程、构筑物工程、城市轨道交通工程、爆破工程九本计量规范。

每本计量规范内容包括总则、术语、工程计量、工程量清单编制和附录部分。

第一章为总则，规定了该规范制定的目的、适用范围，强制适用范围，工程量清单计价活动中应遵循的基本原则等。

第二章为术语，仅对规范中特有的术语给予定义或含义。

第三章为工程计量，明确了工程计量应依据的文件，执行的规定，工程计量的单位，计量时每一项目汇总的有效位数等。

第四章为工程量清单编制，介绍了清单编制的一般规定，规定了措施项目清单、其他项目清单编制的规则。

附录为各专业工程的编制内容。

如《房屋建筑与装饰工程工程量计算规范》中有附录A 土石方工程，附录B 地基处理与边坡支护工程，附录C 桩基工程，附录D 砌筑工程，附录E 混凝土及钢筋混凝土工程，附录F 金属结构工程，附录G 木结构工程，附录H 门窗工程，附录J 屋面及防水工程，附录K 保温、隔热、防腐工程，附录L 楼地面装饰工程，附录M 墙、柱面装饰与隔断、幕墙工程，附录N 顶棚工程，附录P 油漆、涂料、裱糊工程，附录Q 其他装饰工程，附录R 拆除工程，附录S 措施项目。

附录以表格形式列出每个清单项目编码、项目名称、项目特征、工作内容、计量单位和工程量计算规则，见表 3-31。

表 3-31　现浇混凝土基础

项目编码	项目名称	项目特征	计量单位	工程量计算规则	工作内容
010501001	垫层	1. 混凝土种类 2. 混凝土强度等级	m³	按设计图示尺寸以体积计算。不扣除伸入承台基础的桩头所占体积	1. 模板及支撑制作安装、堆放、运输及清理模内杂物、刷隔离剂等 2. 混凝土制作、运输、浇筑、振捣、养护
010501002	带形基础				
010501003	独立基础				
010501004	满堂基础				
010501005	桩承台基础				
010501006	设备基础	1. 混凝土种类 2. 混凝土强度等级 3. 灌浆材料及其强度等级			

本规范中以黑体字标示的条文为强制性条文，项目编码、项目名称、计价单位和工程量计算规则必须统一，即我们通常说的"四统一"。

单元小结

1. 掌握工程量清单编码各数字代表的意义。
2. 掌握《建设工程工程量清单计价规范》（GB 50500—2013）的主要内容及特点。
3. 了解、熟悉、工程量计价格式。

复习思考题

3-1　什么是工程量清单？

3-2　分部分项工程量清单与措施项目清单有何不同？其他项目清单一般包括什么内容？

3-3　工程量清单编制要求及编制原则是什么？

3-4　什么是工程量清单计价？

3-5　工程量清单计价的基本方法和程序是什么？

3-6　工程量清单计价由哪些表格组成？

3-7　《建设工程工程量清单计价规范》由哪些内容构成？

3-8　按费用综合程度不同，工程单价有哪几种？清单项目的综合单价应如何组价？

单元 4

土建工程结算

单元概述

本单元的主要内容有：工程价款结算的概念、工程预付款的结算方式、工程进度款的结算方式、工程签证、工程造价动态结算、建筑工程竣工结算。

学习目标

通过本单元的学习，应掌握工程预付款的结算方式、工程进度款的结算方式和建筑工程竣工结算，了解工程价款结算的概念、工程签证、工程造价动态结算等内容。

课题 1　土建工程结算概述

4.1.1　土建工程结算的概念

工程价款结算是指承包商将已完成的部分工程，向业主单位结算工程价款，其目的是用以补偿施工过程中的资金和物资的耗用，保证工程施工的顺利进行。

由于建筑工程施工周期长，如果待工程竣工后再结算价款，显然会使承包商的资金发生困难。承包商在工程施工过程中消耗的生产资料和支付的工人工资所需要的周转资金，必须要通过向业主预收备料款和结算工程款、工程签证的形式，定期予以补充和补偿。

4.1.2　土建工程的结算方式

1. 工程预付款的结算方式

（1）工程预付款的基本内容　原建设部（现住房和城乡建设部）107 号文规定，工程预付款的具体事宜由承发包双方根据建设行政主管部门的规定，结合工程款、建设工期和包工包料情况在合同中约定。《建设工程施工合同》（示范文本）规定："实行工程预付款的，双方应在专用条款内约定发包人向承包人预付工程款的时间和数额，开工后按约定的时间和比例逐次扣回。预付时间应不迟于约定的开工日期前 7 天。发包人不按约定预付，承包人在约定预付时间 7 天后向发包人发出要求预付的通知，发包人收到通知后仍不能按要求预付，承包人可在发出通知后 7 天停止施工，发包人应从约定应付之日起向承包人支付应付款的贷款利息，并承担违约责任。"

工程预付款也叫预付备料款，在国际工程承发包活动中也是一种通行的做法。国际上的工程预付款不仅有材料、设备预付款，还有为施工准备和进驻场地的动员预付款。根据国际土木工程施工合同规定，预付款一般为合同总价的 10% ~ 15% 。世界银行贷款的工程项目，预付款较高，但也不会超过 20% 。近年来，国际上减少工程预付款额度的做法有扩展的趋势，一些国家都在压低预付款的额度，但是无论如何，工程预付款仍是支付工程价款的前提，未支付预付款由承包人自己带资、垫资进行施工的情况应加强控制。因为此种做法对承包人来说是十分危险的，通常的做法是：预付款支付在合同签署后，由承包人从自己的开户银行中出具与预付款额相等的保函，并提交给发包人，以后就可从发包人开户银行里领取该项预付款。

（2）工程预付款的拨付

1）建筑工程承包方式。工程预付款在施工合同签订后拨付。拨付预付款的安排要适应承包的方式，并在施工合同中明确约定，做到款物结合，防止重复占用资金。建筑工程承包有以下 3 种方式：

① 包工包全部材料工程。当预付备料款数额确定后，由业主通过其开户银行，将备料款一次性或按施工合同规定分次付给承包商。

② 包工包部分材料工程。当供应材料范围和数额确定后，业主应及时向承包商结算。

③ 包工不包材料工程。业主不需要向承包商预付备料款。

2）工程预付款额度。工程预付款额度主要是保证施工所需材料和构件的正常储备。数额太少，备料不足，可能造成生产停工待料；数额太多，影响投资有效使用。一般是根据施工工期、建安工作量、主要材料和构件费用占建安工作量的比例，以及材料储备周期等因素经测算来确定。下面主要介绍两种确定工程预付款额度的方法：

① 百分比法。百分比法是按年度工作量的一定比例确定预付备料款额度的一种方法。各地区各部门根据各自的条件，从实际出发分别制定了地方、部门的预付备料款比例。例如：建筑工程一般不得超过当年建筑（包括水、电、暖、卫等）工程工作量的 25% ，大量采用预制构件以及工期在 6 个月以内的工程可以适当增加，安装工程一般不得超过当年安装工作量的 10% ，安装材料用量较大的工程可以适当增加；小型工程（一般指 100 万元以下）可以不预付备料款，直接分阶段拨付工程进度款等。

② 数学计算法。数学计算法是根据主要材料（含结构构件等）占年度承包工程总价的比重，材料储备定额天数和年度施工天数等因素，通过数学公式计算预付备料款额度的一种方法。计算公式为：

$$工程备料款数额 = 工程总价 \times 材料比重 \times 材料储备定额天数/年度施工天数 \quad (4-1)$$

$$工程备料款额度 = 预收备料款数额/工程总价 \quad (4-2)$$

式中　年度施工天数——按 365 天日历天计算；

材料储备定额天数——由当地材料供应的在途天数、加工天数、整理天数、供应间隔天数、保险天数等因素决定。

（3）工程预付款的扣回 业主拨付给承包商的备料款，属于预付性质款项。因此，随着施工工程进度情况，应以抵充工程价款的方式陆续扣回。在实际工作中，由于工程的情况比较复杂，工程形象进度的统计、主次材料的采购和使用不可能很精确。因此，工程备料款的扣回方法也可由发包人和承包人通过洽商用合同的形式予以确定，还可针对工程实际情况具体处理。如有些工程工期较短、造价较低，就无需分期扣还；有些工程工期较长，如跨年度工程，其备料款的占用时间很长，根据需要可以少扣或不扣。在国际工程承包中，国际土木建筑施工承包合同也对工程预付款的扣回作了规定，其方法比较简单，一般当工程进度款累计金额超过合同价格的 $10\% \sim 20\%$ 时开始起扣，每月从支付给承包人的工程款内按预付款占合同总价的同一百分比扣回，也可计算起扣点。计算公式为：

$$起扣点 = 承包工程价款总额 - 预付备料款/主要材料费所占比重 \qquad (4\text{-}3)$$

预付备料款的扣回常有以下 3 种方法；

1）采用固定的比例扣回备料款。如有的地区规定，当工程施工进度达 60% 以后，即开始抵扣备料款。扣回的比例，是按每次完成 10% 进度后，即扣预付备料款总额的 25%。

2）采用工程竣工前一次抵扣备料款。工程施工前一次性拨付备料款，而在施工过程中不分次抵扣。当工程进度款与预付备料款之和达到施工合同总价的 95% 时，便停付工程进度款，待工程竣工验收后一并结算。

3）采用按公式计算起扣点及扣抵额。计算公式为：

$$起扣时已完价值 = 当年施工合同总值 - 预收工程备料款/全部材料比重 \qquad (4\text{-}4)$$

应扣还的预付备料款，计算公式为：

$$第一次扣抵额 = （累计已完工程价值 - 起扣点已完工程价值）\times 全部材料费所占比重$$
$$\qquad (4\text{-}5)$$

$$以后每次扣抵额 = 每次完成工程价值 \times 全部材料费所占比重 \qquad (4\text{-}6)$$

[**例4-1**] 某施工企业承建某建设单位的建筑工程，双方签订合同中规定，工程备料款额度按 25% 计算，当年计划工作量为 2000 万元，其中全部材料费所占比重为 62.5%，则预收工程备料款起扣时，当截止某次结算日期，累计已完工程价值 1400 万元，计算起扣点和扣抵额。

[**解**] $（2000 - 500/62.5\%）$ 万元 = 1200 万元

未完工程为 2000 万元 - 1200 万元 = 800 万元

所需主要材料费为 800 万元 $\times 62.5\% = 500$ 万元

第一次扣抵额为 $（1400 - 1200）$ 万元 $\times 62.5\% = 125$ 万元

如果再完成 400 万元工作量，则扣抵额为 400 万元 $\times 62.5\% = 250$ 万元

2. 进度款的结算方式

工程进度款的结算，根据建筑生产和产品的特点，常有以下两种结算方式：

（1）按月结算 对在建工程，每月由承包商提出已完工程月报表及其工程款结算单，一并送交业主，办理已完工程款结算，具体做法又分为两种：

1）月中预支部分工程款，月终一次结算。月中预支部分工程款，按当月施工计划工作量的 50% 支付。承包商根据施工图预算和月度施工作业计划，填报"工程款预支账单"，送

交业主审查签证同意后，办理预支拨款；待月终时，承包商根据已完工程的实际统计进度，编制"工程款结算账单"，送交业主审查签证同意后，办理月终结算。承包商在月终办理工程价款结算时，应将月中预支的部分工程款额抵作工程价款。

2）月中不预支部分工程款，月终一次结算。此种结算办法与第一种做法的月终结算手续相同。

（2）分段结算　按建筑工程施工形象进度，将工程划分为几个段落进行结算。工程按进度计划规定的段落完成后，立即进行结算，所以它是一种不定期的结算方法。具体做法又分为三种。

1）按段落预支，段落完工后结算。这种方法是根据建筑工程的特性，将在建的建筑物划分为几个施工段落，然后测算确定出每个施工段落的造价占整个单位工程预算造价的金额比重，作为每次预支金额。承包商据此填写"工程价款预支账单"，送交业主签证同意后办理结算。

2）按段落分次预支，完工后一次结算。这种方法与前一种方法比较，其相同点均是按段落预支，不同点是不按段落结算，这种方法是完工后一次结算。

3）分次预支，竣工后一次结算。分次预支，每次预支金额数，也应与施工工程的进度大体一致。这种结算方法的优点是可以简化结算手续，适用于投资少、工期短、技术简单的工程。

3. 工程签证

合同造价确定后，施工过程中如有工程变更和材料代用，则由承包商根据变更核定单和材料代用单来编制变更补充预算，经业主签证，对原预算进行调整。为明确业主和承包商的经济关系和责任，凡施工中发生的一切合同预算未包括的工程项目和费用，必须及时根据施工合同规定办理签证，以免事后发生补签和结算困难。

（1）追加合同价款签证　追加合同价款签证是指在施工过程中发生的，经业主确认后按计算合同价款的方法增加合同价款的签证。

1）设计变更增减费用。业主、设计单位和授权部门签发设计变更单，承包商应及时编制增减预算，确定变更工程价款，向业主办理结算。

2）材料代用增减费用。因材料数量不足或规格不符，应由承包商的材料部门提出经技术部门决定的材料代用单，经设计单位、业主签证后，承包商应及时编制增减预算，向业主办理结算。

3）设计原因造成的返工、加固和拆除所发生的费用，可据实结算。

4）技术措施费。施工时采取施工合同中没有包括的技术措施及因施工条件变化所采取的措施费用，应及时与业主办理签证手续。

5）材料价差。从预算编制期至结算期，因材料价格的变化，导致材料价格的差值。

（2）费用签证　费用签证是指业主在合同价款之外需要直接支付的签证。

1）图样资料延期交付，造成窝工损失。

2）停水、停电、材料计划供应变更，设计变更造成停工、窝工损失。

3）停建、缓建和设计变更造成材料积压或不足的损失。

4）停建、缓建和设计变更造成机械停置的损失。

5）其他费用。包括业主不按时提供各种许可证，不按期提供建设场地，不按期拨款的利息或罚金的损失，计划变更引起临时工招募或遣散等费用。

4. 工程造价动态结算

动态结算是指把各种动态因素渗透到结算过程中，使结算价大体能反映实际的消耗费用。工程结算时是否实行动态结算，选用什么方法调整价差，应根据施工合同规定行事。

（1）工程造价价差及造价调整概念　造价价差是指工程所需的人工、材料、设备等费用，因价格变动而对造价产生的相应变化值。造价调整是指在预算编制期到结算期内，因人工、材料、设备等价格的增减变化，对原测算，根据已签订的施工合同规定，对工程造价允许调整的范围进行调整。

（2）动态结算方法　常用的动态结算方法有按实际价格结算、按调价文件结算、按调价系数结算等三种。

1）按实际价格结算是指某些工程的施工合同规定，对承包商的主要材料价格按实际价格结算的方法。

2）按调价文件结算是指施工合同双方采用当时的预算价格承包，在施工合同期内，按照工程造价管理部门调价文件规定的材料指导价格，对在结算期内，已完工程材料用量乘以价差进行调整的方法。计算公式为：

$$各项材料用量 = \sum 结算期内已完工程量 \times 定额用量 \tag{4-7}$$

$$调价值 = \sum 各项材料用量 \times （结算期预算指导价 - 原预算价格） \tag{4-8}$$

3）按调价系数结算是指施工合同双方采用当时的预算价格承包，在合理工期内按照工程造价管理部门规定的调价系数，对原合同造价在预算价格的基础上，调整由于实际人工费、材料费、机械费等费用上涨及工程变更等因素造成的价差。

课题2　土建工程竣工结算编制

一个单位工程或单项工程，在施工过程中由于设计图样及施工条件等发生了变化，与原合同造价比较，有增加或减少的地方，这些变化将影响工程的最终造价。在单位工程竣工并经验收合格后，将有增减变化的内容，按照施工合同约定的方法与规定，对原合同造价进行相应的调整，编制确定工程实际造价并作为最终结算工程价款的经济文件，称为竣工结算。竣工结算一般由施工单位编制，经业主或监理工程师审查无误，由承包商和业主共同办理竣工结算确认手续。

单位工程完工后，承包方在向业主移交有关技术资料和竣工图，办理交工验收时，必须同时编制竣工结算，作为办理财务价款结算的依据。

竣工结算对工程建设有着许多重要的作用，比如竣工结算是承包商与业主结清工程费用的依据，承包商有了竣工结算就可向业主结清工程价款，以完结业主与承包商之间的合同关系和经济责任；竣工结算是施工单位考核工程成本，进行经济核算的依据，施工单位统计年竣工建筑面积，计算年完成产值，进行经济核算，考核工程成本时，都必须以竣工结算所提供的数据为依据；竣工结算是承包商总结和衡量企业管理水平的依据，通过竣工结算与施工图预算的对比，能发现竣工结算比施工图预算超支或节约的情况，可进一步检查和分析这些情况所造成的原因。因此，业主、设计单位和承包商，可以通过竣工结算，总结工作经验和教训，找出不合理设计和施工浪费的原因，逐步提高设计质量和施工管理水平。

4.2.1　土建工程竣工结算编制的依据

1）工程量清单、标底及投标报价。

2）图样会审纪要。图样会审记要是指图样会审会议中设计方面有关变更内容的决定。

3）设计变更通知。在施工过程中，由设计单位提出的设计变更通知单，或结合工程的实际情况需要，由业主提出设计修改要求后，经设计单位同意的设计修改通知单。

4）施工签证单或施工记录。凡施工图预算未包括，而在施工过程中实际发生的工程项目（如原有房屋拆除、树木草根清除、古墓处理、淤泥垃圾土挖除换土、地下水排除，因图样修改造成返工等），要按实际耗用的工料，由承包商作出施工记录或填写签证单，经业主签字盖章后方为有效。

5）工程停工报告。在施工过程中，因材料供应不上或因设计、施工计划变动等原因，导致工程不能继续施工时，其停工时间在 1 天以上者，均应填写工程停工报告。

6）材料代换与价差。材料代换与价差必须有经过业主同意认可的原始记录方为有效。

7）工程合同。工程合同规定了工程项目范围、造价数额、施工工期、质量要求，施工措施、双方责任、奖罚办法等内容。

8）竣工图。

9）工程竣工报告和竣工验收单。

10）有关定额、费用调整的补充项目。

4.2.2　土建工程竣工结算编制的内容和方法

1. 竣工结算编制的内容

竣工结算按单位工程编制。一般内容如下：

1）竣工结算书封面，封面形式与施工图预算书封面相同，要求填写工程名称、结构类型、建筑面积、造价等内容。

2）编制说明，主要说明施工合同有关规定、有关文件和变更内容等。

3）结算造价汇总计算表，形式与施工图预算表相同。

4）汇总表的附表，包括工程增减变更计算表、材料价差计算表、建设单位供料计算表等内容。

5）工程竣工资料，包括竣工图、各类签证、核定单、工程量增补单、设计变更通知单等。

2. 竣工结算编制的方法

工程承包方式不同，竣工结算编制方式也不同。

1）以施工图预算为基础编制竣工结算。在施工图预算编制后，由于施工过程中经常会发生增减变更，因而会影响工程的造价。因此，在工程竣工后，一般都以施工图预算为基础，再由增减变更因素来编制竣工结算书。用此种方式编制竣工结算，手续繁琐，审查费用时，经常发生矛盾，因此难以定案。

2）以平方米造价指标为基础编制竣工结算。以平方米造价指标为基础编制竣工结算，比按施工图预算为基础编制的竣工结算较为简化，但适用范围有一定的局限性，难以处理因发生材料价格的变化、设计标准的差异、工程局部的变更等因素的影响。故按此种方式编制的竣工结算，也经常会出现一些矛盾。

3）以包干造价为基础编制竣工结算。以包干造价的方式，也就是指按施工图预算加系数包干为基础编制竣工结算。此种方式编制工程竣工结算时，如果不发生包干范围以外的增加工程，包干造价就是工程竣工结算，竣工结算手续大为简化，也可以不编制竣工结算书，而只要根据设计部门的变更图样或通知书，编制"设计变更增（减）项目预算表"，纳入竣工结算即可。

4）以投标造价为基础编制竣工结算。以招标投标的办法承包工程，造价的确定不但具有包干的性质，而且还含有竞争的内容，报价可以进行合理浮动。中标的承包商根据标价并结合工期、质量、奖罚、双方责任等与业主签订合同，实行一次包干。合同规定的造价，一般就是结算的造价。因此，也可以不编制竣工结算书，只进行财务上的"价款结算"（预付款、进度款、业主供料款等）。只要将合同内规定的因奖罚发生的费用，和合同外发生的包干范围以外的增加工程项目列入，可作为"补充协议"处理即可。

3. 竣工结算编制的注意事项

1）要计算由于政策性变化而引起的费用调整。工程结算期内常遇因各项费率的变化、人工工资标准的变化等而引起的费用调整。

2）要按实计算大型施工机械进退场费。编制预算时，是按施工组织设计中确定的大型施工机械费用或预算规定费用，计算施工机械进退场费，结算时应按工程施工时实际进场的机械类型，计算进退场费。但招标投标工程应按施工合同规定办理。

3）要调整材料用量。材料用量出现变化的原因，一是设计变更引起工程量的增减；二是施工方法不同及材料类型不同，都会导致材料数量的变化，因而结算时要调整增减材料的用量。

4）要确定由业主供应材料部分的实际供应量和预算需要量。业主供应材料部分的实际供应量是指由业主购置材料并转给承包商使用的实际数量。材料的实际需要量是指依据材料分析，完成工程施工所需的材料，应有预算数量。如果上述两者间存在数量差，则应如实进行处理。

单元小结

1. 土建工程结算可采用工程预付款的结算方式、进度款的结算方式、工程签证方式、工程造价动态结算方式等进行结算。

2. 掌握土建工程结算编制的内容和方法。

复习思考题

4-1 简述工程预付款的扣回方式。

4-2 竣工结算由哪些内容组成？

4-3 可以得到费用签证的内容有哪些？

4-4 简述工程造价动态结算的方法。

4-5 竣工结算的依据有哪些？

4-6 竣工结算编制的方法有哪些？

参 考 文 献

［1］ 袁建新. 建筑工程定额与预算［M］. 北京：高等教育出版社，2002.

［2］ 于忠诚. 建筑工程定额与预算［M］. 北京：中国建筑工业出版社，1995.

［3］ 刘钟莹. 工程估价［M］. 南京：东南大学出版社，2004.

［4］ 钱昆润，戴望炎，沈杰. 建筑工程定额与预算［M］. 南京：东南大学出版社，2003.

［5］ 廖小建，杜晓玲. 建设工程工程量清单计价快速编制技巧与实例［M］. 北京：中国建筑工业出版社，2005.

［6］ 袁建新. 建筑工程概预算［M］. 北京：中国建筑工业出版社，1997.

［7］ 陈英. 建筑工程概预算［M］. 武汉：武汉理工大学出版社，2005.